现代苹果高效栽培实用新技术

曹新芳　姜召涛　主编

中国农业出版社

编写人员名单

主　　编：曹新芳　姜召涛

副 主 编：于忠辉　李　康　都兴政　李存涛

编写人员：赵海涛　田利光　栾朝辉　都英菊
张明勇　秦　辉　都秀丽　赵　霞
祝咏梅　张　华　郝　哲　徐美娟
林红研　刘广娟

PREFACE 序

“药食同源”是发展方向。苹果是世界四大水果（苹果、柑橘、葡萄和香蕉）之一，生态适应性强、耐贮性好、供应周期长，果实含有较高比例的、人体比较容易吸收的游离多酚，具有很好的抗氧化、抗肿瘤、预防心脑血管疾病及保肝等作用，营养保健价值高，有“一天一苹果，医生远离我”（An apple a day keeps the doctor away!）的美誉，世界上相当多的国家都将其列为主要消费果品而大力推荐！

烟台地处胶东半岛，三面环海，西面与华北平原相连，属典型的暖温带季风型大陆性气候，山地丘陵，沙滩海洋，冬无严寒，夏无酷暑，光照充足，气候宜人。1871年，美国传教士约翰·倪维思夫妇将从美国、欧洲搜集的西洋苹果苗木带入烟台，创建“广兴果园”。因此，烟台是我国开始栽培西洋苹果的发祥地，也是农业部划定的两个苹果优势产区之一。目前，烟台苹果栽培面积达 18.13 万公顷，总产 495 万吨，产值 126.9 亿元；“烟台苹果”以个大皮薄汁多、酥脆爽口、酸甜味美、耐贮品优而享誉四方，成为一张靓丽的城市名片。2008 年“烟台苹果”注册了国家地理标志证明商标，2011 年“烟台苹果”荣获中国驰名商标。2009年以来，烟台苹果已连续5年蝉联中国农产品区域公用品牌果业第一品牌，品牌价值超过100亿元。

尽管如此，烟台苹果产业可持续高效发展面临栽培管理模式落后、树龄老化、果园郁闭现象严重、通风透光不良、机械化水平低、生产成本高、土壤生产能力下降及大小年结果现象严重等问题。为此，长期在果业生产第一线从事技术推广与培训的曹新芳和姜召涛等同志，在认真挖掘群众经验、总结现代果业技术试验示范成果的基础上，组织编写了《现代苹果高效栽培实用新技术》一书，涉及果园建立、肥水管理、整形修剪、花果管理及病虫防控等领域的新理念、新技术，如果园生草培肥地力技术、病虫害绿色防控技术及现代矮砧集约栽培技术等。该书层次分明，言简意赅，语言流畅，具有较好的科学性、可读性、继承性、前瞻性、创新性、实用性和可操作性。因此，该书的出版发行，将为推动烟台乃至我国苹果产业的转型升级和提质增效及农民持续增收发挥重要作用，我乐于作序。

2015年10月1日

前言 FOREWORD

苹果是世界性果品，市场需求量大，发展前景广阔，许多国家均把苹果作为主要的消费果品。我国是世界苹果生产的最大国，面积和产量均居世界前茅。改革开放以来，苹果产业在增加农民收入，促进农村经济发展方面起到了积极的推动作用。

烟台是我国苹果的主产地之一，栽培苹果历史悠久，品种资源丰富，农民种植苹果的积极性高，且有较丰富的管理经验。但就目前来看，在苹果生产上还存在很多问题，突出表现在土壤管理方式不合理，生产能力低下；果园郁闭现象严重，光能利用率低；栽培模式仍以传统的栽培模式为主，机械化水平低，生产成本高等。

当前果业生产正处在转型升级期，水果产业正由单一农户分散经营管理向多元主体、提升机械化水平和采用现代科技方向转变。加速现代果业发展，提升水果产业的质量效益，保持水果产业的可持续发展，已成为摆在全体果树工作者和生产者面前的一个重要课题。

本书针对当前烟台苹果产业存在的突出问题，结合作者多年的实践经验，力求实用，简单易懂，系统阐述了苹果高效栽培管理的相关技术，供广大果农参考使用。

本书在编写过程中，承蒙山东省水果产业体系首席专家、山东农业大学陈学森教授校阅，并作序，在此表示由衷的感谢。

编著者

2015年10月

CONTENTS 目录

第一章　建　　园

第一节　对生态环境条件的要求

一、气温

苹果喜欢冷凉干燥、光照充足的气候条件。适宜苹果生长的年平均气温为7.5～14℃，冬季最冷月平均气温为－10～10℃。生长期温度，春季日平均气温达到3℃以上，地上部开始活动，8℃左右开始生长，15℃以上生长最活跃。整个生长期（4～10月）平均气温在12～18℃，夏季（6～8月）平均气温在18～24℃，最适合苹果的生长。土壤温度对苹果根系生长的影响很大，土温3℃时，根系开始生长，最适生长温度为18～20℃。土温升高到30℃时，根系停止生长，低于－10℃时则根系受冻。

二、降水量

苹果适宜在年降水量500～800毫米的地区生长。如果降水超过1 000毫米，特别是在高温多湿的条件下，苹果树生长过旺，果实品质下降，且易发生病虫害。北方苹果产区多为早春干旱，夏季降水量过多，降雨分布不均匀，为此，建园必须具备灌溉条件，并注意果园排涝，做到旱能浇、涝能排。

三、日照

苹果是喜光树种，光照充足，始能生长正常。生产优质苹果一般要求年日照时数2 200～2 800小时，特别是8～9月不能少于300小时以上。年日照＜1 500小时或果实生长后期月平均日照时数<150 小时会明显影响果实品质。若光照强度低于自然光的 30%则花芽不能形成。

四、土壤

要求土质肥沃、土层深厚，土层深度在 1 米以上，土壤 pH 以 6.0～7.5 为宜。富含有机质的沙壤土和壤土最好，有机质含量应在 1%以上。

第二节　园地选择和评价

一、园地选择的依据

（一）生态环境条件　园地选择的依据主要是环境条件，特别是气候条件必须适合苹果树的生长发育。对环境条件考虑，不光是大环境，还要考虑到局部小气候环境，因为小气候条件直接影响树体的生长发育。同时，要远离污染源，符合相应的水果质量安全标准的产地环境要求，并具有可持续发展的生产潜力。

（二）地形地貌　地形地貌也是影响建园的重要因素，建立什么形状和规格的果园，主要根据地形地貌而定。一般苹果园应选择在地势比较平坦或比较缓和的丘陵地带，这样不但有利于高产稳产，也便于管理。

（三）土层厚度和养分状况　土层厚度和养分状况直接影响果树的生长和结果。过于瘠薄的土壤或养分含量太低的土壤，不利于果树的生长发育。

（四）土壤质地　土壤中空气含氧量在 10%以上，苹果才能生长。在 10%以下时，地上、地下器官都受到抑制；在 5%以下时，根系和地上器官都停止生长；在 1%以下时，细根致死，地上部凋萎、落叶、枯死。通气良好的园地，苹果根为黄褐色，根毛多而长。反之，根色暗淡，根毛少而短。土壤通气不良，嫌气性细菌活动旺盛，土壤中还原物质多，对苹果根系有毒害作用。一般果园以含有相当于 25%的非毛管孔隙，对土壤的通气最为理想。

苹果性喜微酸性到中性土壤（pH6.0～7.5）。土壤酸碱度能影响养分的供应状况，酸性土易出现缺磷、钙、镁等，而且易造成锰过量；碱性土易出现缺铁、锌、硼、锰等缺素症。

二、园地选择的标准

苹果为多年生木本植物。果园建设是苹果生产中一项极为重要的基础性工作，建园质量直接影响树体成形快慢、结果早晚和果园经济效益。建立商品生产果园时，应慎重选择园地。园地选择应符合以下标准：

1. 山丘地土层深度不低于60厘米，而且下层岩石应是酥石硼、半风化和纵向结构岩石，不宜在薄土横板岩石地栽植。坡度应在14°以下，坡度过大不利于水土保持和修筑田间工程，给生产管理带来很大困难。

2. 平原沙地、黏土地最高地下水位不高于1.5米，沙地在1米以内不能存在黏板层。

3. 土壤肥沃，土壤有机质含量在1%以上。

4. 土壤质地疏松，透气性好，保证果树根系生长有充足的氧气。

5. 土壤pH在6.0～7.5之间，无特异障碍因素。

6. 有充足的水源，水质符合农业灌溉水质量标准要求。

不符合上述标准建园时必须对土壤进行改良，如果改良后仍达不到上述标准，则不宜建园。

三、地形评价

根据园址选择的地形不同，果园常分为平地果园、山地果园和丘陵地果园。

（一）平地果园 平地指的是地面高差不大、表面较为平坦的地带。平地果园一般土壤比较肥沃，水资源充足，水土流失较少，土层较深，土壤有机质含量较高，建园后苹果树生长发育良好，树体大，根系深，而且管理方便，便于机械化操作，运输条件好，水土不易流失。便于生产资料和产品的运输，便于园路及果园排灌系统的施工，相比山地果园，前期投资少，果园建设成本较低。

平地果园气候变化幅度不大，其通风、透光、日照条件、昼夜温差和排水等条件均不如山地果园，所以平地果园苹果的色泽、风味、含糖量、耐贮藏性等均比山地果园差一些。

（二）山地果园 山地果园通风、透光条件好，日照充足，昼夜温差大，苹果着色好，品质高。山地建园时首先要熟悉当地气候，综合考虑海拔高度、坡度、坡向、地形、地势等条件对苹果生长的影响。要选择背风向阳处，坡度不宜超过14°，要避开冰雹线或冷空气易滞留的低洼处建园。

（三）丘陵地果园 丘陵地地势起伏幅度都比山地小，气候垂直分布及阴阳坡向的光照差异不如山地明显。但丘陵地排水良好，空气流通，光照充足，昼夜温差大，能使苹果结果早，产量高，品质好，色泽鲜艳，耐贮藏，果树寿命长。前期建园投资较少，交通较方便，是比较理想的建园地点。

第三节 果园的规划与设计

一、果园土地规划与设计

（一）生产小区的划分 为便于生产管理，通常将果园划分为若干小区，小区的形状和大小，应根据地形、地势和生产管理水平而定。

1. 小区的面积 山地果园地形复杂，气候条件不太一致，小区面积应稍小，一般以20～30亩* 为宜；丘陵地面积可大些，以30～50亩较适宜；气候条件好、地势平坦的果园小区面积可放大到60～100亩。

2. 小区的形状 小区形状要便于果树栽植和管理，小区内地势、土壤状况尽可能一致，以使园相整齐。地势平坦的园地，小区的形状可划分成长方形或正方形，其长边尽量与主风向垂直；山地

* 亩为非法定计量单位，为便于实际生产中应用，本书暂保留。1亩≈667米^2。

丘陵及缓坡地可采用带状、平行四边形或三角形，其长边需同等高线走向一致，并同等高线弯度相适应，以减少土壤冲刷，也有利于机械化操作。

（二）果园道路系统的规划与设计 划分小区的同时，规划好道路，以连接各作业区。为了便于管理和运输，果园需要设置宽度不同的道路。果园道路一般由主路、支路和小路组成。主路一般设在园内中部，贯穿园中，纵横交叉，把果园分成几个大区，外与公路相接，路宽 6 米左右。支路与主路垂直相接，常为小区的分界线，宽 4 米左右。小区中间可根据需要设置与支路相接的园内小路，宽 1～2 米或 2～4 米，便于作业。

山地果园道路应根据地形设置。主路选在缓坡处，顺山坡修建盘山道。横向主路可沿等高线，支路要通达各等高线，宜设在小区边缘和山坡两侧的沟旁。路面应略向内倾斜，同时内侧要有排水沟，以免雨水冲刷路面。丘陵地果园的主路和支路则应尽量设置在分水岭上。

（三）辅助设施 果园辅助设施包括管理用房、仓库、包装场所、电力设施等，应建在交通方便、地势平坦及安全的地方。

二、果园排灌系统的规划

（一）灌溉系统 水利设施是保证果园高产稳产的必备条件，建园时必须建立完整的灌水和排水系统。灌溉用的水源主要有池塘、水库、深井和河流等，这些措施建园前应该建设好。

果园灌溉分地面灌溉、地下灌溉、喷灌、滴灌和小管出流等。地面灌溉包括漫灌、畦灌、沟灌、穴灌等。具有简单易行、投资少等优点；缺点是用水量大，灌水后土壤易板结，占用劳力多，不便于管理等。

1. 地面灌溉系统 在果园各小区之间要设立主渠道，小区内要设立支渠道，支渠道与主渠道相连，并贯穿于小区之间。主渠道的位置要略高一些，以便全园实施自流灌溉。

2. 地下灌溉系统 是利用埋设在地下的渗水管道，将灌溉水直接送入根系分布层，借毛细管作用自下而上浸湿土壤，供苹果树吸收利用的一种灌水方法。这种方法的优点是灌溉效果好，产量高；蒸发损失少，节约用水；少占耕地，便于田间耕作管理，并可以施用液体肥料；多雨地区还可利用这一系统排水。其缺点是地表湿润差，地下管道造价高，淤塞后检修困难。

3. 喷灌和滴灌系统 是利用动力和水泵，从水源取水加压，或利用水的落差，水通过管道系统以及喷头或滴管，将水散射至空中呈雨滴状再降落至园地或直接滴于根系区域。喷灌和滴灌具有节约渠道占地、不破坏土壤结构、不受地形限制、节约劳力等优点。

4. 微喷系统 是利用喷灌原理，采用小喷头在距地面很近处喷洒水分，其喷水范围较小，多在树干周围80厘米处，比喷灌水分蒸发少，节水。

（二）排水系统 北方苹果产区一般夏季雨水较多，果树不仅要灌水，水分过多时还要排水，为此，建园时必须做好排水系统建设。排水系统包括排水干沟、支沟和排水沟。各级排水沟相连，以利顺畅排水出园。山地果园排水系统由集水沟和总排水沟组成。集水沟修在梯田的内侧，总排水沟设在集水线上与各集水沟连通。平地果园，特别是地下水位较高的园地，必须注意排水问题。一般排水沟的走向应与小区的长边和果树行向相一致。由小排水沟将水汇集到小区间的较大排水沟中，最后由低处排出。采用地面灌溉系统的果园，灌水系统最好也能做排水用，在降水过大时，能利用灌水沟渠及时将多余的水分排出果园。

三、果园防护林的规划

（一）苹果果园防护林带的作用 果园防护林带不仅可以降低风速，减少风害，还可以防止风沙侵袭，保持水土，调节温度，增加土壤和空气湿度，减轻冻害，提高坐果率，还有利于果园授粉媒介的活动。不仅改善了果园的生态环境，对果树的生长也起到了很好的防护效果。

（二）苹果果园防护林带的类型 防护林带的规划要根据果园

面积的大小、有害风向、果园所处的地势和地形，以及当地的气候条件进行规划。20～50亩的小型果园，多在果园外围主要有害迎风面栽植3～5行乔木作为防风林带，大型果园要在果园四周建立带幅更宽的林带。在平地条件下，防护林带有效范围，背风面约为林带高的15～20倍，而以距林带10～15倍范围内效果最好，在树高20倍的范围内林带背风面风速降低17%～56%。向风面有效范围为林带高的5倍。林带可以分为透风林带和不透风林带两种。

1. 不透风林带 该林带由多行乔木和灌木组成，上下密闭，气流不易通过，向风面形成高压，迫使气流上升，当越过林带上部后，很快即恢复原来的风速，因而防护距离较短，但在其防护范围内效果较好。

2. 透风林带 该林带林间树木排列稀疏，气流可以透过，使风速大大减低，防护距离较远，但在防护范围内效果较差。

（三）苹果果园防护林带的配置 主林带应与当地主要风向垂直。一般由4～8行树组成，主林带宽度一般为10～12米，带间相距200～300米。为了增强防风效果，还可营造副林带，副林带宽度一般为6～8米，由2～5行树组成，其风向与主林带相垂直，带间距离300～800米。

山地果园营造防风林带除防风外，还可防止水土流失和含蓄水源。主林带和副林带应适当增加行数，乔灌混栽。为了使冷空气能顺利下泄，与等高线平行的林带应留出缺口。果园背风时，防护林带应设于上部分水岭；迎风时，设于果园下部；如风来自果园两侧，则可在自然沟的两岸造林。

果树与林带要有一定距离，南面距林带20～30米，北面距林带10～15米。林带内乔木树种行距2～2.5米，株距1～1.5米。灌木树种行距1～2米，株距1米。林带与道路交叉处，应空出10～20米出口，以便通行和观察车辆出入，避免发生交通事故。果树防护林建设应在建园前2～3年完成，最迟也应在果树定植的当年建成。乔木树种可选杨树、桦树、白蜡、水杉、香椿、苦楝等。灌木可用紫穗槐、玫瑰、花椒、枸橘和毛樱桃等。

第四节　高标准建园

一、栽植行向的选择

栽植行向根据地块和地势而定，尽可能选择南北行。因为东西行吸收的直射光要比南北行少13%，而且南北两侧受光均匀，中午强光入射角度大；东西行树冠北面自身遮阴比较严重，尤其是密植园盛果期间株间遮阴更为突出。

二、确定适宜的栽植密度

苹果适宜的栽植密度因砧木类型、品种和立地条件不同而异。为此，在确定栽植密度时应因地、因砧木和品种制宜，做到株密行不密，有利于通风透光，便于机械化作业，省时省工，可以降低生产成本。

乔砧普通品种：山丘瘠薄地建园株行距以3米×4米为宜，亩栽植55株。平泊地和较缓的山脚地建园株行距以3～4米×5～6米，亩栽植27～44株。

乔化短枝型品种：不宜在山丘瘠薄地上建园，平泊地和较缓的山脚地株行距以2～3米×4米为宜，亩栽植55～83株。

矮化砧：应选择土壤肥沃的平坦地块和缓坡地块。M26和M9T337等中间砧以2米×3.5～4米为宜，亩栽植83～95株；M9T337等自根砧0.8～1.5米×3.5～4米，亩栽植110～238株。

三、合理配置授粉品种

苹果树为异花授粉结实树种，若品种单一，往往授粉不良，开花而不坐果。为了使新建果园高产、稳产，必须要合理选配授粉品种。

（一）授粉品种选择的原则

1. 与主栽品种花期一致，且花粉量大，发芽率高。

2. 与主栽品种同时进入结果期，且成花容易，经济结果寿命相近。

3. 与主栽品种授粉亲和力强，能生产经济价值高的果实。

4. 能与主栽品种相互授粉。

5. 三倍体品种如乔纳金等不能作为授粉品种。

（二）推广应用苹果专用授粉海棠　苹果专用授粉海棠具有成花容易，花粉量大，耐低温，配置方式简单，栽植量少，可地边栽植，也可在园内少量栽植等优点，是较好的授粉品种，应在生产上大力推广应用。

（三）授粉品种配置比例　通常主栽品种与授粉树的配置比例为 4～5∶1，苹果专用授粉海棠保证 15∶1。

（四）配置距离　一般授粉树距离主栽品种 10～20 米为宜，花粉量少的要更近一些。

（五）配置方式　授粉树在果园中配置的方式很多，在小型果园中常用中心式栽植，即 1 株授粉品种周围栽 8 株主栽品种；在大型果园中配置授粉树，应当沿着小区长边的方向按行列式整行栽植，授粉树应相隔 4～8 行；在花期常有大风危害的地方，授粉树和授粉树间隔的行数最好少些；在梯田化的坡地，可按梯田行向，间隔 3～4 行栽植一行授粉品种。苹果专用授粉海棠小区面积较小的可配置在园地周围，小区面积较大的除配置在园地周边外，可在园地内部少量配置。

四、定植技术

（一）定植时间　苹果栽植分秋栽和春栽两种。

1. 秋栽　苗木从落叶后到土壤冻结前栽植，时间在 10 月下旬至 11 月底。栽后根系与土壤密接，能促进断根愈合和根系恢复。翌春发芽早，新梢生长旺，成活率高。在冬季严寒地区，易因生理干旱造成“抽条”或出现冻害而降低成活率，应以春栽为宜。

2. 春栽　当土壤完全解冻后，苗发芽前栽植。春季栽树在3 月中旬到 4 月上旬进行。一般发芽晚、缓苗期长。要求栽后连浇几次水，防止春旱威胁，否则，影响成活和发苗。但冬季寒冷易抽条地区采用春栽，省工省时，成活率高。

（二）选择优质大苗、壮苗 最好是带分枝的苗木，苗高1.5米以上，嫁接部位以上5厘米处粗度直径达到1.5厘米以上，根系完整，无病虫害和机械损伤。

（三）整地改土 整地就是通过人工或机械对土壤深耕整理，以改善土壤理化性状，便于将来操作，为幼树生长创造一个好的环境条件。

1. 梯改坡 对于坡度15°以下的山地建园，建议将原来的梯田改成缓坡地，栽植时顺坡向栽植。梯改坡可以提高土地利用率，便于机械化作业。为防止水土流失，梯改坡的果园必须采用生草栽培。

2. 开挖定植沟（穴） 定植前挖定植沟或定植穴。定植沟宽80～100厘米，深60～80厘米；定植穴长、宽80～100厘米，深60～80厘米。平泊地要打破犁底层和下部的板结层，山丘地要求下部无石板层。回填时沟（穴）底施足充分腐熟的有机肥，注意肥料一定要与土壤混合均匀，有条件的最好在沟底铺一层作物秸秆。作物秸秆和肥料距地面要保持40厘米以上的距离，以免发生肥害，影响栽植成活率，回填后浇水使其沉实。

（四）起垄栽培 平泊地最好采用高畦起垄栽培，以防涝害发生，为根系生长创造一个良好的根际环境条件，一般畦宽1～1.5米，垄高20～30厘米。

（五）苗木处理

1. 苗木假植 一般从苗木繁育场购回的苗木到园地后不能马上定植，需要进行一定时间的假植。苗木假植方式得当与否是影响定植成活率的关键。如果苗木购回后能马上定植，且一天内即可完成定植工作，建议苗木购回后可放入清水中浸泡12～24小时，然后再定植。如果苗木购回后不能马上定植，或者栽植面积较大，定植时间较长，可选择地势高、不易积涝的地方进行开沟假植，假植沟深度一般为60～80厘米、宽度80～100厘米，然后将成捆的苗木散开，按照一层苗一层土的方法将苗木斜放入假植沟，埋土深度

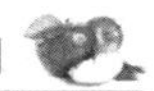

要达到苗木高度的1/2以上。全部苗木假植完后灌足水即可。

2. 苗木分级　购入的苗木，质量多参差不齐，要保证园相整齐一致，栽植前要对苗木进行分级。大苗、壮苗集中栽于一片；小苗、弱苗栽于另一片。

3. 解塑料条　检查苗木上是否有嫁接留下的塑料条，有的应解除。

4. 根系修剪　新根首先在断根的伤口处发生，苗木出圃时必然要造成根系断裂，伤口不整齐，不利于愈伤组织的形成，也就不利于新根的发生，定植前将断根剪平有利于新根的发生，能提高栽植成活率。

5. 根系药物处理　方法是：采用300倍的多效灵（络氨铜）液（300倍多菌灵液、300倍甲基硫菌灵液、500倍戊唑醇液等）＋300倍的磷酸二氢钾液＋黄泥，也可加上5 000倍的生根粉液，然后和成黄泥浆，栽植时边蘸根边栽植。

6. 严把栽植质量关

（1）定植时尽量使行向顺直，株距要保持一致。

（2）栽植深度。乔砧及矮化自根砧苗木栽植深度为根颈上3厘米左右，矮化中间砧苗木栽植深度视基砧长度而定，基砧过长的最好将矮化中间砧全部露出地面，成活后分次培土至矮化中间砧1/4处，基砧不超过5厘米的栽植深度为矮化中间砧嫁接口上2～3厘米。定植时栽植不宜过深，否则将影响到栽植成活率和幼树的长势。

（3）定植方法。把苗木放入定植坑中，伸展根系，边填土边踩，并在填土过程中，用手轻轻把苗木稍向上提，调整苗木栽植深度，最后将树坑填满，踩实。

（六）定植后的管理

1. 浇水、覆膜　保证定植后的水分供应是确保定植成活率的关键。为此，定植后要及时浇透水，以后每隔7～10天浇一次水，连续浇3～4次。第一次浇水后最好覆盖黑色地膜，一是能够提高地温，促进新根萌发；二是能够保持土壤湿度，减少水分蒸发；三是控制杂草生长，避免杂草与幼树争夺养分和水分；四是能够提高苗木成活率。

2. 定干 定植后及时定干，定干高度依据苗木高度而定，尽量保留所有饱满芽进行定干。

3. 病虫害防治

（1）防治象甲类害虫为害新萌发的芽。方法是用塑料薄膜在距地面20厘米处绑一倒喇叭口，或者用植物油涂刷苗木基部，长度为20厘米左右。也可用毒饵诱杀，方法是：将麦麸炒熟，与萝卜丝或菜叶以及毒死蜱700倍液拌匀，均匀地撒在树干周围。

（2）新植幼树以保叶为主，重点防治斑点落叶病、褐斑病、黄蚜、潜叶蛾、红蜘蛛等。选用的药剂有波尔多液、安泰生（丙森锌）、多抗霉素、戊唑醇、代森锰锌、吡虫啉、除虫脲、高甲维盐、三唑锡等。

4. 加强肥水管理 新植幼树当新梢长到10厘米左右时进行第一次追肥，以后每隔30天左右追一次肥。第一次每株施用尿素25克左右，以后每株施用尿素50克左右，全年连续施用3～4次，以促进幼树生长，为早期丰产打下基础。

第五节　主要优良品种介绍

一、早熟品种

1. 泰山早霞 由山东农业大学陈学森教授等育成。系从苹果种子繁殖的砧木苗中选育出来。2007年通过山东省科技厅成果鉴定。果实宽圆锥形，平均单果重138.6克，最大216.0克，果形指数0.93。果面光洁，底色淡黄，果面着均匀鲜红彩条，着色优者整个果面为鲜红色，极美观。果肉白色，肉质细嫩。含可溶性固形物12.77%，可滴定酸0.60%。酸甜适口，品质上等。果实发育期70～75天，比贝拉和早捷晚熟2～3天，比萌和藤牧1号早熟10～15天。在山东泰安地区6月25日前后成熟上市。

2. 藤牧1号 又名南部魁。原产美国，由美国普渡大学

（Purdue University）等3所大学联合育成。20世纪80年代初自日本引入。果实圆形或长圆形，平均单果重217克，最大果320克，果形指数0.86～1.20。底色黄绿，阳面2/3以上着鲜红彩色。果点小而稀，果面洁净，光亮美观，果肉黄白色，肉质脆、汁多，酸甜适口，香味浓。果实去皮硬度8.7千克/厘米^2，可溶性固形物11.0%～12.0%。7月下旬成熟，果实生育期86～90天。品质上。缺点：易感霉心病，果实贮藏后易发绵。

该品种树势中庸，树姿较开张，萌芽率高，成枝力中等。腋花芽较多，早果性强，坐果率高，丰产。该品种可与富士、嘎拉等互为授粉树。栽植后2～3年结果，以短果枝结果为主，成熟时遇多雨阴天天气着色差。

二、中熟品种

1. 美国8号 美国纽约州农业试验站从嘎拉的杂交后代中选出的优系，代号NY543。中国农业科学院郑州果树研究所于1984年从美国引入，已通过河南、陕西两省品种审定。果实近圆形，平均单果重180～200克。果面光洁无锈，底色乳黄，着鲜红色霞。果点较大，灰白色；果肉黄白，肉质细脆，多汁，硬度稍大，风味酸甜适口，有香味。可溶性固形物12.0%，总糖11.3%，可滴定酸0.29%。品质上等。成熟期8月初，果实采收后室温下可贮藏半月左右。贮藏期过长时，果实出库后很快发绵。由于果个大、颜色鲜艳，外观非常诱人，加上其成熟期正处于苹果供应空档期，目前果实在果园就被果贩争先抢购，其市场前景可观，为一优良的早中熟品种。

该品种树势强健，幼树生长快，结果早，有腋花芽结果习性，丰产性强。果实成熟期在8月上旬，果实应及时采收，否则，有采前落果和果实不耐贮运现象。

2. 珊夏 又称桑莎、三萨或三夏。由日本农林水产省果树试验场盛冈支场育成。亲本为嘎拉×茜。1992年从日本引入。果实圆形或圆锥形，果个中大，平均单果重140～180克。果面鲜红色，美观。果肉黄白色，肉质致密、脆，汁多，味甜，适合国人的口味。果实去皮硬度8.5千克/厘米^2，可溶性固形物15.0%。8月中旬至8月下旬成熟，常温下可贮藏2～3周。果实着色、风味、贮藏性皆好于津轻。

该品种树势较弱，树姿直立，枝条细长，易发短果枝。早果、丰产性强。但斑点落叶病较重，果实肩部易生果锈，叶片易发黄。留果过多容易形成隔年结果，需通过疏花疏果进行控制。可与富士互为授粉树。

3. 太平洋嘎拉　该品种果实较大，平均单果重212克，果实圆形至椭圆形，高桩。果面光洁，全红果比例65%以上，条红，着色整齐，浓红艳丽。果肉乳黄色，细脆爽口，汁多味甜，微香，品质上等。

该品种的最大特点是，成熟期比普通嘎拉提前10天左右，一般在8月上中旬；不裂果，无采前落果现象；丰产稳产；采后1个月不发绵，耐贮性明显好于其他嘎拉品种。

4. 烟嘎1号　烟台市果树工作站选育的嘎拉优系。果实中大，单果重187～232克，大小均匀；果实圆形至椭圆形，高桩；8月中旬开始着色，着色快。充分成熟时，果面光洁。全红果比例为48.9%～70%，条红，色泽浓红鲜艳。果肉乳黄色，肉质细脆爽口，可溶性固形物13.3%～14.5%，汁多味甜，品质上。早果丰产。

5. 烟嘎2号　烟台市果树工作站选育的嘎拉优系。果实中大，单果重202～228克，果个均匀，果实圆形至椭圆形，高桩；果实着色早，色泽发育较快。初上色为条红，充分成熟时全面着色，浓红艳丽，全红果率为45.6%～75%。果肉乳黄色，细脆致密，可溶性固形物13.8%～14.8%，香甜可口，品质上。早果丰产。烟台地区果实8月下旬成熟。

6. 烟嘎3号　烟台市果树工作站选出的嘎拉着色优系品种。果实近圆形至卵圆形，果形指数0.85，平均单果重219.2克。果面色相片红，大部或全部着鲜红色。果肉硬度6.7千克/厘米^2，可溶性固形物12.0%～14.0%。果肉乳黄色，风味浓郁。在山东省

烟台地区，8月中旬开始着色，不套袋果实8月20日即上满色，套袋果摘袋6天内上满色，树冠上下和内外均能着色良好，内在品质与皇家嘎拉相当，外观品质明显优于皇家嘎拉。可与富士、新红星等互为授粉树。

7. 金都红嘎拉 招远果业总站从皇家嘎啦中选出的芽变品种。果个大，平均单果重199克，果实近圆形，果形指数0.86。着色快，摘袋后3天着色，色泽浓红，艳丽。果肉乳白色，肉质细脆，可溶性固形物12%～14%，硬度7～8千克/厘米^2，酸甜适口，香味较浓，品质佳。果实发育期100天左右，烟台地区8月中下旬成熟。

8. 红露 1980年韩国农业振兴厅园艺研究所杂交，1988年最终选出的品种。果实长圆形，单果重250克左右。果皮呈浓红色。糖度为14.0%～15.0%，酸度为0.25%～0.31%。果汁中多，果肉呈乳白色，肉质细腻、松脆。在韩国水源地区9月5日成熟，在山东省烟台地区8月下旬成熟。

树势中庸，树姿开张。节间很短，短果枝发生多。短果枝花芽形成良好，有腋花芽结果习性，进入结果期早。适合用做授粉树。抗斑点病落叶性弱，抗腐烂病性强。过多结果容易出现隔年结果现象。

9. 新红将军 果实近圆形，果个大，平均单果重235克，最大单果重750克，果实较端正，果形指数0.86，果实整齐度好，多数果实横径为75～83毫米，商品果率高。果面光洁、无锈，底色黄绿，蜡质中多，被鲜红色彩霞或全面鲜红色，条红，着色明显好于红将军。果肉黄白色，肉质细脆爽口，果肉硬度9.6千克/厘米^2，汁多，可溶性固形物14.90%～15.51%，果实含糖量14.32%，果实风味酸甜浓郁，稍有香气，品质上等，耐贮运。烟台地区9月上旬为最佳成熟期，成熟期较为一致，果实生育期140天左右。

幼树生长健壮，成冠早，分枝多，容易形成短果枝和腋花芽，比红将军的早果性更强。叶片肥厚，角质层较厚。对土壤与地势要求不严，抗旱，无采前落果现象，是适应性非常广泛的优良中熟苹果品种。

10. 福艳 青岛农业大学戴洪义教授等育成。亲本为特拉蒙×富士，1995年杂交，2006年通过山东省林木良种审定。品种权号CNA20040067.3。果实近圆形，类似富士，果形正。单果重249克。果实底色黄绿，果面大部着鲜红色，果面光洁。果肉黄白色，肉质细而松脆。果实去皮硬度7.0千克/厘米^2，可溶性固形物14.3%，含糖量12.60%，可滴定酸0.21%。汁液多，味甜，风味浓，香气浓郁，品质极上。在烟台地区果实10月上旬成熟，在冷藏条件下可贮藏至翌年1月。树体紧凑，节间较短，为半短枝型。以短、中果枝结果为主。丰产。较抗轮纹病。要注意控制大小年结果。

三、晚熟品种

1. 烟富1 果实大，平均单果重256～318克，大小均匀。果形端正、高桩、长圆形，果形指数0.88～0.91。着色较早，正常情况下，8月下旬即开始着色，色泽发育快，套袋果脱袋后10～15天内上满色，不套袋果实10月中旬达全红。树冠上下内外均着色良好，全红果比例可达76%～87%，着色指数95.2%～96.2%，色泽浓红艳丽。

2. 烟富3 果实大，平均单果重245～314克。果形端正，长圆形，果形指数0.86～0.89。着色好，片红，属Ⅰ系，全红果比例78%～80%，着色指数达95.6%。与长富1、长富2相比特别易着色。风味佳，果实综合性状优于长富2，外观性状优于长富1。

3. 烟富8 果实长圆形，高桩端正，果形指数平均0.91。果个大，平均单果重315克。果实着色全面浓红，色相先条红后片红、艳丽，果面光滑，果点稀小。果肉淡黄色，肉质致密、细脆，平均硬度9.2千克/厘米^2。汁液丰富，可溶性固形物14%。10月下旬果实成熟。树冠中大，树势中庸偏旺，干性较强，枝条粗壮，树姿半开张。

4. 烟富6 烟台市果树工作站从惠民短枝中选出的优系品种。果实大型，平均单果重253～271克，果形端正，圆形至长圆形，果形指数0.86～0.90，果桩明显高于原品系；着色易，色浓红、

深，全红果比例80%～86%，着色指数95.6%～97.2%；果面光洁；果皮较厚。果肉淡黄色，肉质致密硬脆，汁多，味甜，可溶性固形物15.2%，硬度9.8千克/厘米^2，品质上。短枝性状稳定，树冠紧凑，极丰产。

5. 龙富短枝　山东农业大学与龙口市果树研究所合作，从长富2中选出的短枝型优良品种。树冠较紧凑，更新能力强，不易早衰。短枝比率高，并容易形成叶丛果枝。果实近圆形或长圆形，萼洼较浅，梗洼较深。平均单果重222克，最大单果重262克，果形指数0.87，果实整齐度高。果面光洁，着色快，脱袋后7～9天着全红色，优质果率90%以上。果实可溶性固形物16.0%，香味浓郁，口感极佳。

6. 92－58富士　满红条纹色，着色快，摘袋后5天即可上满色，初期片红，后期果面着深红条纹，摘袋40天颜色不老。果个大，平均单果重280～320克。表光好，果面洁净光亮，果肉细脆，爽口，糖度高，果香浓郁。

7. 首富　果实大型，端正高桩，果肩略宽，果实长圆形，果形指数0.90左右。果实大小整齐一致，平均单果重320克左右。果面着条纹鲜红色，色泽艳丽，果肉乳黄色，肉质致密，汁多肉脆，甜味浓、甘甜适口，糖度明显高于红富士，可溶性固形物含量可达16.13%，果皮略厚，硬度较高，硬度8.5千克/厘米^2，耐贮运。早果性强，10月中下旬成熟。树冠中大，树势中庸偏旺，干性较强，枝条粗壮，树姿半开张。

8. 2001富士　该品种是富士系枝变的优良品种，1993年从日本引入我国。果实圆形或近圆形，果形指数0.88～0.90，单果重300～350克；底色黄绿，着密集鲜红色条纹，果面光滑，蜡质多，果梗细长，果皮较薄；果肉黄白色，肉质较脆，汁液多，可溶性固形物含量14%～17%，果实硬度12～13千克/厘米^2。10月下旬成熟，结果早，丰产性好，适应性强，果实品质好于长富2号。

9. 粉红女士　又称粉丽、粉丽佳人或粉红佳人。澳大利亚品种。亲本为威廉女士×金冠。果实近圆柱形，平均单果重200克，最大306克。果形端正，高桩，果形指数为0.94。果实底色绿黄，着全面粉红色或鲜红色，色泽艳丽，果面洁净，无果锈。果点中大，中密，平，白，有晕圈。果梗中长，粗。果心小。果肉乳白色，脆硬而韧，汁中多，酸甜，有香气。果实去皮硬度9.16千克/厘米^2，可溶性固形物16.7%，总糖12.34%，可滴定酸0.65%。耐贮，室温可贮藏至翌年4～5月。

树势强，树姿较开张，树冠圆头形，干性中强。萌芽率高，成枝力强。在陕西渭北地区3月下旬萌芽，4月上旬开花，10月下旬至11月上旬果实成熟。在烟台地区10月底至11月初采收。属极晚熟品种。

抗病、抗虫性强，高抗褐斑病、抗白粉病，较抗金纹细蛾。在欧洲一般采用矮化栽培，结果早，无大小年，丰产，稳产。可选用嘎拉系、富士系、元帅系品种授粉。适宜细长纺锤形树形，幼树轻剪长放，以缓和树势，提早结果。

10. 澳洲青苹　又称史密斯。原产澳大利亚。由悉尼Granny Smith发现的偶然实生树。其亲本不明，有报道可能是法国小苹果（French Crab）的实生；也有报道认为是绿色塔斯曼尼亚（Greens Tasmania）的实生。为世界知名的绿色品种。我国1974年由阿尔巴尼亚引入后，各地已有少量栽培。果实圆锥形或短圆锥形，果个较大，平均单果重200克，大小较整齐。果面青绿色，散布白色较大果点，晕圈灰白色。个别果实阳面有少量红晕，果皮稍厚、光滑。果肉白色，肉质中粗、致密、硬脆。汁多、味酸。果实去皮硬度8.8千克/厘米^2，可溶性固形物12.8%，生食品质中等。10月下旬成熟，果实极耐贮藏，一般条件下可存放到翌年3～4月。该品种除生食外，可供烹调食用，也可做加工原料。作浓缩果汁酸度较高，但稳定性较差。在国际市场较畅销。

树势强健，树姿直立，顶端优势强。萌芽率较高，成枝力强。幼树以短果枝、腋花芽结果为主，坐果率高。一般多坐单果。果实固着力强，一般不落果，丰产。但表现隔年结果，应搞好疏花疏果。

第二章　土肥水管理技术

第一节　当前土壤管理存在的问题

土壤是果树赖以生存的基础和前提。果园土壤管理是果树栽培技术的重要内容之一，也是整个果树栽培管理的基础。广义地讲，果园土壤管理包括水土保持、土壤改良、土壤耕作、土壤施肥和水分管理，但通常意义地讲仅指土壤耕作管理和土壤表面管理。土壤耕作是指对土壤水分和物理化学特性以及杂草竞争的影响，为果树生长发育和栽培管理提供良好的条件，为根系生长创造适宜的环境，满足其对温度、空气、水分、养分的需求。土壤管理方式的好坏直接影响到果树的生长发育和产量、质量的提高，为此必须引起重视。当前土壤管理存在的问题很多，突出表现在以下几个方面。

一、土壤管理方式不合理

当前果园土壤管理方式主要采用的是整修树盘、围堵坝埂等。现行土壤管理模式主要存在以下弊端：

1. 涝害发生严重　涝害使根系生长发育不良，根部病害发生较重。涝害发生严重是当前生产上普遍存在的问题，现有果园表现的涝害主要是内涝，就胶东地区而言，绝大多数果园都存在或轻或重的内涝现象。导致内涝发生严重的原因很多，归结起来主要是果园排灌系统不健全，地下有板结层，整修树盘、围堵坝埂等造成雨季根系周围水分过多，湿度过大，从而影响到根系的生长发育。

2. 肥料流失严重，肥料利用率低　进入雨季，由于树盘排涝不及时，造成养分随重力水渗透到地下，降低了肥料的利用率。

3. 土壤透气性差　长期积涝致使土壤板结严重，通气性差，根系生长的环境条件恶化，从而影响到根系的生长发育。

二、耕作制度不合理

我国果园采用的主要耕作方式为清耕制，频繁耕锄和大量使用除草剂，破坏了根系生长的土壤环境，导致根系生长不良。现行耕作制度主要存在以下弊端：

1. 频繁的耕锄造成土壤有机质过度消耗，地力下降。

2. 水土流失严重。清耕减少了果园植被，果园土壤容易受雨水侵蚀，导致水土流失。

3. 不利于土壤团粒结构的形成，降低了土壤的通气性和保水保肥能力。长期清耕破坏了土体结构，降低了土壤有机质含量，影响到土壤团粒结构的形成。

4. 地表长期裸露，地温变化幅度大，造成表层根受到伤害。作为果树而言，最利于花芽形成和确保果品产量、质量的是表层根，地表长期裸露，夏季地表温度过高，冬季地表温度过低，造成表层根死亡严重。

5. 长期使用除草剂导致土壤酸化加重，影响根系生长。

第二节　养根壮树，提质增效

根是果树生长之根本，根深才能叶茂。根系生长不良是当前生产上普遍存在的问题，也是限制果品产量和质量提高的重要因素之一。根相当于果树的“嘴”，如果没有了“嘴”，那么再好的肥料果树也不能吸收，也难以生产出高质量的果品。当前生产上所表现的生理性病害严重，果实表光差，着色不良等，都与根系生长不良、营养吸收不平衡有关。为此，要想提高果品产量和质量，增加果园经济效益，必须把养根壮树放在第一位，一切土壤管理措施，包括土壤管理模式、土壤施肥、浇水等都应该围绕有利于根系生长这一目的。

一、根系的功能及类型

（一）根系的功能

1. 固定植株 根系强大能将果树牢固地固定在土壤中，抵抗风灾，不至于使果树倒伏。否则，树体不牢固，将对果树带来巨大的损失。

2. 吸收矿质营养和水分 果树生长需要大量的矿质营养如氮、磷、钾、钙等，这些矿质营养必须靠根系来吸收，果树需要的水分也需要根系来吸收。

3. 运输功能 地上部需要的营养物质和水分主要是靠根系来传输。

4. 贮藏功能 根系还是一个主要的营养贮藏器官，冬季休眠时，叶片制造的有机物质和秋季根系吸收的矿质营养就储存在主根和枝芽中，这些贮藏营养就是第二年春季果树根系生长、萌芽、开花、坐果和展叶的基础，并在营养供需矛盾时起缓冲作用。

5. 合成功能 根系能将吸收的矿质营养与地上部输送的光合产物结合，合成氨基酸、核蛋白等有机物质，然后再留在根中或运往地上部，参与细胞、组织和器官的形成。细胞分裂素等激素也在新根的根尖产生，对地上的生长发育起调节作用。

（二）根系的组成及构型 苹果根系由根颈、主根、侧根和须根组成。根颈是果树地上部和地下部的交界处，是树体营养物质交流的必经通道。根颈处于土壤与大气交界之处，对环境变化反应敏感，代谢特别旺盛，对透气性要求较高，易受低温伤害，为此，在果树生产上必须保护好根颈，降低土壤湿度，增加根颈处土壤的通透性。主根是直立向下生长的大根，主根上着生的各级粗大根系分枝称为侧根，主根和侧根构成根系的骨架，统称骨干根，主要是起到固定和贮存的功能。须根是着生在侧根上较细的根系，其上着生生长根和吸收根，生长根和吸收根统称为新根。

苹果根系的构型可分为两大类，一类是黄褐色的木质化根系，主要行使固定、贮藏和运输水分、养分的作用；另一类是具有初生结构的白色新根，主要行使矿质营养的吸收、有机物质和细胞分裂素的合成等功能，新根是根系主要的活性部位。

新根按形态、结构和功能不同又可分为两类，生长根和吸收根。生长根长而粗壮，生长迅速，主要用于延长和扩大根系的分布范围，同时具有一定的吸收能力。吸收根细而短，主要行使吸收和合成功能。

果树的根系与地上部是相辅相成的，有什么样的根系，就有什么样的枝条，当主根生长旺盛，须根发生量少时，则地上部生长较旺，长枝多而短枝数量少；当须根发生量大时，则地上部的短枝量也就大，花芽形成多。为此，在果树生产上应注意促发较多的毛细根，并保护毛细根的生长，以增加树上短枝的数量，促进花芽的形成。

二、根系的生长发育特点

根系具有向地性、趋肥性、需氧性、集中性、季节性、周期性、更新性和无眠性。

1. 根系的向地性 在重力作用下，由于受生长激素和钙、钾等感应因子的影响，根系总是向地下生长的特性。

2. 根系的趋肥性 趋肥性是根系的自然属性，根系总是向肥料充足的土壤中生长。

3. 根系的需氧性 根系生长必须有充足的氧气供应，无氧状态下根系将无法生长甚至死亡。为此，在果园土壤管理中，保持土壤的通透性是确保根系生长的关键。

4. 根系的集中性 果树的根系在土壤中的分布包括垂直分布和水平分布。根系垂直分布可达到地下4～5米，水平分布范围一般可达到树冠直径的1.5～3倍。土壤生态环境条件（水、肥、气、热等）决定着根系在不同土层中的分布数量，根系的集中分布层实际就是土壤环境中的生态最适层。深层土壤由于养分缺乏、通气性较差，根系数量较小。近地表土壤虽然通气性较好，但温度变化剧烈，根量发生也较少。土壤10～40厘米土层由于通气、养分、水

分和温度适中，为土壤生态稳定层，最适宜根系的生长，根系多集中在这个土壤中。苹果 70%的根系集中分布在 10～40 厘米土层中。

吸收根主要发生于表层，而且与成花坐果、果实发育密切相关的钾、硼等元素的吸收受温度影响大，也主要靠温度较高的表层根吸收。在生产上，无论根系分布有多深，只要表层水、肥、气、热条件好且稳定，表层根生长良好就可丰产。如果果实成熟前一个月频繁耕锄，破坏了表层根，则果实的含糖量低，着色差。因此，表层根是根系的主要活性区域，表层根对花芽形成、果品质量起决定性作用。

深层根除对树体起固定作用外，还与地上部的生长相关，根系分布太深，树体生长旺盛，树势难以控制，花芽少，结果晚。

5. 根系的季节性、周期性和无眠性　果树的根系没有自然休眠期，只要条件适宜就可以周年生长，但由于受温度和水分的影响，往往进入被迫休眠。根系的生长总是与地上部生长交错进行，为此，在年周期生长中根系的生长总是随季节的变化而变化，并出现多次生长高峰。一般来讲，苹果根系一年有 3 次生长高峰。

第一次生长高峰：当春季土温达 3～4℃以上时，根即开始生长，一般从 3 月上中旬开始到 4 月中旬达到高峰。随着开花和新梢加速生长，根的生长速度减慢，并转入低潮。这次新根发生较多，但生长时间较短，根系生长所需养分主要来源于上一年树体贮藏的养分。树体贮藏养分多，发根就多，反之发根就少。所以，贮藏养分多而健壮的树体是来年春季正常萌芽、开花、新梢生长的物质基础。

第二次生长高峰：从新梢将近停止生长开始，到果实加速生长和花芽分化以前（6 月底 7 月初），出现第二次生长高峰。这次由于叶片大量形成，同化能力强，营养物质多，因此发根多而持续时间长，是全年发根量最多的时期。随着果实的迅速膨大，花芽大量分化，秋梢开始生长，地上部消耗养分增多，根的生长又转入低潮。

第三次生长高峰：自 9 月上旬至 11 月下旬，花芽分化已初具锥形，果实已经采收，叶片制造的养分开始回流，根系得到的养分相对增加，所以根系生长又出现第三次生长高峰。这次持续时间较长，但生长较弱，发根也较少，落叶后根系仍有少量生长。随着气温、地温下降，根的生长逐渐减弱，当地温下降到0℃时，停止生长，被迫进入休眠。

春发根决定于秋根，秋不生根，春极少生根。夏根有补偿性，春根不足，夏根早发、多发、强发，多是基部母根上发生不定根，夏根过多是造成秋梢旺长的主要原因，在生产上有“不怕春梢长，就怕秋梢旺”的提法。

三、影响根系生长的主要因子

根系的良好生长要求土壤具备稳定的生长环境，即稳定的温度、稳定的湿度、稳定持续的养分和水分供应。包括以下几个因素：

1. 土壤通气性 土壤通气不良会影响根系的生理功能和生长。氧气不足时，根和根际环境中的有害物质增加，细胞分裂素合成下降，根系的生长就会受到抑制。涝害造成土壤通透性差，根系处于无氧呼吸状态，限制了根系的生长发育，并导致根系死亡。根系的发生、生长及根系功能的发挥均为需要能量的过程，因而需要大量氧气，土壤中氧气的含量成为根系活动的限制性因子，研究表明果树根系正常生长要求土壤氧气含量在10%以上。

2. 土壤温度 每种果树的根系生长都有最适宜的生长温度，不同树种、品种的果树，其根系最适温度都不一样，根系的适宜生长温度为20～25℃，原产于北方的果树要求的温度较低，而原产于南方的果树要求的温度较高。土壤温度对根系生长的影响主要是在低温条件下，原生质黏性增大，根的生理活动减弱同时水的扩散变慢，会影响吸收率；土壤温度过高则会造成根系的灼伤与死亡。

3. 土壤的水分 土壤水分是否充足直接影响根系生长，当干旱时，土壤可利用水分下降，造成细胞伸长降低，然后停止生长，木栓化和自疏现象加重。但是，轻微的干旱却有利于根系的发育。

同时干旱抑制了地上部的生长，使较多的碳水化合物优先用于根群的生长。水分过多，土壤湿度过大，易引起根部病害发生严重，比如圆斑根腐病、根朽病、白绢病、紫纹羽病等。

果树根系正常生长要求土壤湿度为田间持水量的60%～80%，在此范围内，田间持水量愈接近于60%，吸收根发生量愈大，愈接近于80%，生长根发生量愈大。通过调节土壤水分，人为调节发根类型，进而调节树上枝类比，在生产中具有重大指导意义。

4. 土壤营养 通常情况下，土壤的营养状况不像水分、温度和通气条件那样成为果树根系停止生长甚至死亡的因素，但根总是向肥多的地方生长，在肥沃的土壤或施肥条件下，根系发达，细根密，活动时间长。施用有机肥可促进果树吸收根的发生，施用氮肥、磷肥可刺激果树根系的生长，但过量的氮肥会引起枝叶的徒长，反而削弱了根系的生长。硼、锰等对根系生长也有良好的促进作用。土壤缺钾时，对根系的抑制比对地上部枝条的影响严重，钙、镁的缺乏也会使根系生长不良。

5. 地上部有机养分的供应 根系的生长、养分与水分的吸收和运输以及有机物质的合成，都依赖于地上部充分供应碳水化合物，发根的高潮多在枝梢缓慢生长、叶片大量形成之后。根系的生长高峰是与地上部新梢生长、果实发育、花芽分化错开的，这是果树地上部与根系之间相互平衡的结果。在土壤条件适宜时，果树根群的总量主要取决于地上部输送的有机物质的数量。当果树结果过多或叶片受损时，根系生长受到抑制，长期环切、环剥也抑制了根系的生长。

四、着眼于地下，改善根系生长的环境条件

（一）推广应用“起垄沟灌”栽培技术 起垄沟灌栽培技术是针对当前生产上土壤管理存在的突出问题提出的一种新的果园土壤管理模式。所谓“起垄沟灌”，就是行间开沟，将取出的土覆到树盘下，抬高树盘，使树盘隆起，呈拱形，行间沟既是灌水沟，又是排水沟（图2-1）。

图 2-1　起垄沟灌栽培模式

1. 方法　行间开沟，沟宽根据行距而定，一般为 80～100 厘米，深 20～30 厘米，将取出的土覆到树盘下，使树盘呈拱形，树干基部与沟底形成 30～40 厘米的落差。山地梯田果园可两侧开沟，但应掌握内堰深，外堰浅，一般内堰深度可达到 20～30 厘米，宽度可达到 40～60 厘米，外堰深、宽各 20 厘米，并将取出的土覆到树盘下。

2. 时间　春季和秋季均可，在开沟过程中如遇到根系，无论大根还是须根均应将其截断。

3. 优点　试验结果表明，起垄沟灌栽培模式比平地栽培更有利于根系的生长，综合起来有以下优点：

（1）预防涝害　起垄沟灌栽培模式树盘高于行间，且呈拱形，雨季行间即是排涝沟，可有效预防涝害的发生。

（2）增加根系生长的活土层厚度　起垄沟灌栽培模式是在行间开沟，所取出的土全部是活土，并覆盖到树盘下，从而使根系生长的活土层厚度增加。

（3）保持土壤的通透性，改善根系生长的环境条件　起垄沟灌栽培模式由于树盘高于行间，且不在树盘浇水，无论是灌溉还是降

雨，根系周围均无多余的水分占据土壤孔隙，从而保持土壤的通气性，确保根系生长有足够的氧气供应，促进表层根的生长发育。试验结果表明，起垄沟灌栽培技术10～20厘米土层的吸收根和毛细根明显多于平地栽培的果树；20～40厘米土层除分布大量的毛细根外，侧根发生量也较大，且粗度较平地栽培明显变细（图2－2、图2－3）。

起垄沟灌

平地栽培

图2－2　起垄沟灌与平地栽培模式0～20厘米土层毛细根数量对比

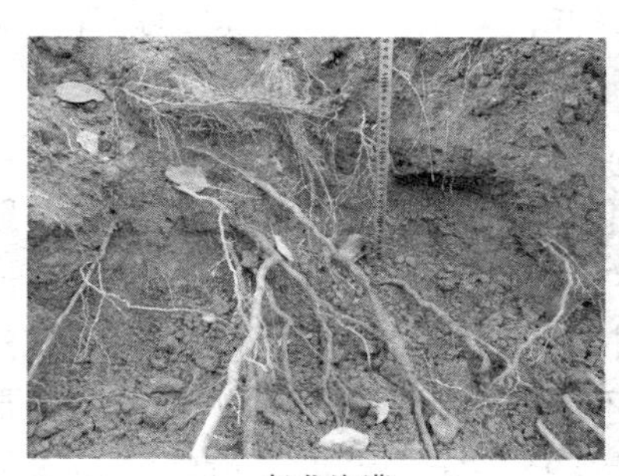

起垄沟灌

平地栽培

图2－3　起垄沟灌与平地栽培模式20～40厘米土层发根量对比

（4）节约用水　行间的沟既是排涝沟，也是灌溉沟，浇水时把沟灌满即可，至少可节约用水50%以上。

（5）提高肥料利用率，减少养分流失　与平地栽培施肥方法一样，肥料仍施于树盘下，起垄沟灌栽培模式由于树盘高于行间，且不在树盘下浇水，施肥部位不产生过多的重力水，也就减少了肥料的流失，提高了肥料的利用率。

(6) 预防苦痘病、黑点病等生理病害的发生　由于改善了根系生长的环境条件，促进了表层根的生长，养分吸收平衡，从而可有效预防苦痘病、黑点病等生理性病害的发生。

(7) 提高果品质量明显　良好的根系生长，使树体有充足的养分供应，对于确保果品产量和质量起到了良好的作用。试验结果表明，起垄沟灌栽培模式果面洁净，外观质量明显提高。

4. 起垄沟灌的几个误区

误区一：担心伤害根系，影响树体生长。断根相当于对根系进行短截，春、秋断根有利于新根的萌发，促使侧根大量发生，促进根系更新，增加毛细根数量，从而有效调整树上枝类组成，增加短枝数量，促进花芽形成，对树体生长无任何不良影响。国外早就有通过机械断根进行根系修剪，以实现更新根系、控制树体长势、促进花芽形成的做法。

误区二：起垄不标准，起垄后仍采用树盘灌水。起垄沟灌栽培技术的核心就是杜绝树盘灌水，降低根系周围的含水量，增强土壤的通透性。为此，起垄沟灌必须使树盘呈拱形，防止树盘积水。

误区三：担心一次覆土过厚，影响根系生长。行间开沟宽度根据行间而定，深度仅有 20～30 厘米，所取出的土覆到树盘下一般厚度不会超过 10 厘米，对根系生长无任何不良影响。

误区四：担心水量不够。果树对水分的需求并不是越多越好，过多的水分往往造成树势旺长，不利于缓和树势，影响到花芽的形成。其实，只要 10 厘米以下土壤保持一定的湿度，就能满足果树生长发育的需要。灌水时只要把行间沟灌满，即可维持根系生长的土壤湿度和供水能力，不存在水量不够问题。

(二) 改革土壤耕作制度，变清耕制为覆盖制和生草制

1. 覆盖　包括覆草或覆膜。

(1) 果园覆草的好处　果园覆草是果园土壤管理制度的一大变革，生产实践证明，果园覆草有以下好处：

①减少地表径流，保持水土，防止水土流失。

②调节地温。覆草园一般 1 月土温在 0℃以上，炎夏不超过

29℃，5～9月一般在20～25℃，晚秋地温下降缓慢，周年有利于根系生长，肥沃的表土层变成了生态稳定层，扩大了根系活动的范围。

③提高土壤有机质的含量，培肥地力。据试验，连续5年覆草的果园，表层土壤有机质含量可从7克/千克（0.7%）提高到20克/千克（2.0%）左右。

④改善土壤微生物的活动环境，促进土壤团粒结构的形成，增加土壤的孔隙度，提高土壤的通透性。

⑤抑制杂草的生长。

⑥提高产量和果品质量。

（2）覆草的方法　分树盘覆草和全园覆草两种，生产上一般采用树盘覆草。初次覆草厚度应达到20厘米，覆后盖一层薄土，时间掌握在麦收以后。可覆作物秸秆，也可覆青草。

2. 果园生草　包括人工种草和自然生草两种。

（1）果园生草的好处

①提高土壤有机质含量，培肥地力。生草是提高土壤有机质最好的办法，因为草生长旺盛，含有丰富的有机质，草刈割后直接覆盖到果园地面，腐烂后就是很好的有机肥。据试验，连续3年生草的果园土壤有机质含量能提高0.3个百分点。

②涵养水源，保持水土。生草果园增加了果园植被，减少地表水分蒸发，刈割的草覆盖到地面，能起到涵养水源的作用。同时，生草园减轻了地表径流，防止水土流失。

③调节地温，延长果树根系活动时间。果园生草在春天能够提高地温，使根系较清耕园进入生长期提早15～30天；在炎热的夏季降低地表温度，保证果树根系旺盛生长；进入晚秋后，增加土壤温度，延长根系活动1个月左右，对增加树体贮存养分、充实花芽有良好的作用。冬季草被覆盖在地表，可以减轻冻土层的厚度，提高地温，减轻和预防根系的冻害。

④调节果园小气候，改善果园生态环境。果园生草改变了传统清耕果园“土壤—果树—大气”系统水热传递的模式，形成了“土

壤—果树＋草—大气”系统，引起了果园环境水热传递规律的变化，调节果园的小气候。草在生长过程中，由于蒸腾作用，大量水散失到果园内，既增加了果园内的湿度，也降低了果园内的温度，使园内温、湿度环境相对稳定。另外，由于草域根系的呼吸和凋落物的分解作用，引起地表 CO_2 浓度上升，可增强果树的光合作用。

⑤改善土体结构，增强土壤的通透性。生草后土壤容重降低、孔隙度增加、水稳性团聚体含量升高，其影响主要集中在 0～40 厘米土层，该层也是果树根系的集中分布层，且随着生草年限的增长，土壤物理性状改善越显著，土壤的入渗性能和持水能力得到较大幅度的提高。

⑥活化土壤，提高土壤养分利用率。试验结果表明，生草处理土壤中各养分含量均高于清耕处理，全钾极显著增加，速效钾显著增加；随年限的延长，刈割覆盖的多数养分含量逐年递增。多年生草的果园 0～40 厘米土层水解氮、速效磷及速效钾含量提高。生草栽培具有活化土壤中的有机态氮、磷、钾的功能，利于果树对氮、磷、钾营养元素的吸收利用。

⑦增加土壤微生物数量，促进有机物的分解。土壤微生物群落决定了养分循环、有机物分解和能量流动，对土壤生态功能的作用至关重要，是土壤质量优劣非常敏感的指标。生草果园由于土壤有机质含量增加，因此，土壤微生物数量也大幅度提高，可加速有机物的分解，改善土体结构，促进土壤团粒结构的形成。

⑧保持生态平衡，增加天敌数量。生草园保持了果园内的生态平衡，增加了天敌数量和生物的多样性，可以减缓害虫对果树的为害。同时，增强了寄主作物的抗虫性，即不同的植物间作比单一植物遭受更少的取食。非寄主作物的存在阻碍了害虫对寄主作物的寻找，从而控制害虫。生草园也就是果树与草实施间作方式，间作改变了植被状况和田间小气候，使其不利于害虫种群的增长。

（2）果园生草方式

①人工生草，即人为地在果园种植牧草。人工种草应选择一些易人工种植、适应性强、鲜草量大、矮秆、浅根性、有利于害虫天

敌滋生繁殖的草种。常用牧草的种类有三叶草、苜蓿草、燕麦草、鼠茅草及其他禾本科牧草等。

②自然生草，即保留果园自然生长的禾本科和浅根性、矮秆杂草，拔除深根性、高秆杂草。当草高长到 20～30 厘米时进行刈割，并覆盖到树盘下。

（3）果园生草的方法。果园生草主要包括全园生草和行间生草两种方法，考虑到对果树根系的影响，果园生草最好采用行间生草，树盘清耕或覆盖的方法，这样可以避免草对果树表层根的伤害。自然生草具有更丰富的植物群落，保持果园的生态平衡，在水分利用、果树产量与品质等方面更有利于生产，且省工、省力，因此是最好的选择。

（4）生草注意事项

①生草的果园必须有水浇条件，无论是自然生草还是人工种草都要保证春季果树萌芽期水分的供应。

②开始生草的前 3 年草和果树有一定的养分竞争，3 年以后养分会逐年回升，为此，生草的初期必须保证养分的供应，施肥上应注意适当增加氮、磷、钾肥的施用量。

③胶东地区多为春季干旱，为此，自然生草的果园春季草发芽的时候最好进行浅层耕锄，一是控制草的生长；二是保墒，增加土壤湿度；三是避免长期生草导致草根系盘根错节，影响施肥和果树根系的生长发育。

五、深翻熟化土壤

深翻熟化是土壤改良的有效措施，也是果园土壤管理的基本方法。深翻熟化土壤最好是在建园前进行，建园时没有进行深翻熟化的，也可以在建园后逐年进行。

（一）果园土壤深翻熟化作用 一是可改善土壤结构和理化性状，促进土壤团粒结构形成，能降低土壤容重，增加孔隙度，提高蓄水和保肥能力，增强透气性，提高养分有效性。据调查，深翻后的果园土壤容重由 1.40 降低到 1.29，孔隙度由 47.27％提高到

52.18%，土壤含水量增加 2%～4%。二是结合施肥可增加土壤有机质，提高土壤熟化程度和肥力。据调查，深翻熟化后土壤有机质含量增加 0.32%，土壤含氮量、有效磷、速效钾均明显增加，土中微生物增加 1.29 倍。三是深翻一方面可促进根系纵深伸长，另一方面还可以促进根系的横向分布，明显地增加了根的密度和数量。

（二）时期 深翻应结合施基肥同时进行，以秋季进行效果最好，因秋天降雨多、墒情好、土温适、时间长，有利于根系恢复和蓄水培肥。一般以晚熟的富士苹果采收后进行为宜，最晚不超过 11 月底。

（三）方式 常用的深翻方式有两种：一种是放树盘扩穴。幼树期间，在挖坑栽植的基础上，根据根系伸展情况，从定植坑向外逐年扩穴深翻，直至株、行连通。第二种是条沟深翻。幼树定植前采取开挖定植沟的园地，每年可沿栽植沟外缘继续开挖，3～4 年内全园翻通为止；盛果期树根系已布满全园，可实行隔行深翻，隔一行翻一侧，逐年分次深翻，每次只伤一侧根系，对果树生长结果影响较小。

（四）宽度、深度 一般要求宽度 50～60 厘米、深度 60～80 厘米。

六、酸化土壤改良

土壤酸化是土壤风化过程中的一个方面，也是当前果业生产上普遍存在的问题。导致土壤酸化的原因很多，从理论上讲主要是土壤的钙、镁、钾、钠等碱性盐基离子被淋溶，土壤氢离子增加，使土壤呈酸性。从生产上来讲主要是大水漫灌、过量施用化学肥料和大量使用除草剂导致土壤酸化加重。土壤酸化导致根系生长不良，土壤营养供应不平衡，严重影响树体生长发育和果品产量、质量的提高，必须引起高度重视。苹果喜微酸性至微碱性土壤，适宜的土壤 pH 为 6.0～7.5，低于 6.0 或高于 7.5 均影响果树的正常生长发育，土壤 pH 高于 7.8 时易发生缺素失绿症。

（一）改革灌溉方式，注意排涝　地势低洼的果园要注意排涝，防止土壤积水，增加土壤通透性。改革土壤灌溉方式，严禁树盘灌水和大水漫灌，通过推行起垄沟灌栽培模式，减少钙、镁、钾、钠等碱性盐基离子的淋失，保持土壤有足够的碱性盐基离子，减缓酸化现象的发生。

（二）生石灰改良　将生石灰自然风化成石灰面，春季果树萌芽前均匀地撒施在树冠下，施后进行浅锄。施用量根据土壤酸化程度而定，一般亩用量为100～150千克。值得注意的是，生石灰不宜连年使用，否则易加重土壤板结。

（三）施用土壤改良剂或增施硅钙镁肥　当前市场上有很多土壤调理剂，生产上可选择使用。也可土壤施用硅钙镁肥，对改良土壤，调理土壤酸碱度效果也较好，一般亩用量为150～200千克。

（四）土壤增施有机肥　有机肥对土壤理化性状有较好的缓冲作用，可以调节土壤酸碱度，增施有机肥，提高土壤有机质含量可有效地改良土壤，长期使用可使土壤pH趋于中性，有利于果树根系的生长发育。

第三节　果园施肥

一、苹果所需营养元素及生理作用

（一）苹果所需营养元素及分类

1. 苹果必需的营养元素　在苹果整个生长期内所必需的营养元素是：碳（C）、氢（H）、氧（O）、氮（N）、磷（P）、钾（K）、钙（Ca）、镁（Mg）、硫（S）、铁（Fe）、锰（Mn）、锌（Zn）、铜（Cu）、钼（Mo）、硼（B）、氯（Cl）16种。

2. 营养元素分类　苹果必需的营养元素又可分为大量元素、中量元素和微量元素。

（1）大量元素　大量元素在植物体内含量为植物干重的千分之几到百分之几。有碳（C）、氢（H）、氧（O）、氮（N）、磷（P）、钾（K）。

（2）中量元素　有钙（Ca）、镁（Mg）、硫（S）。

（3）微量元素　微量元素在植物体内含量很少，一般只占干重的十万分之几到千分之几。有铁（Fe）、锰（Mn）、锌（Zn）、铜（Cu）、钼（Mo）、硼（B）、氯（Cl）。

这样分类绝不意味着有的元素重要有的元素不重要，它们在苹果树体内同等重要，缺一不可。无论哪种营养元素缺乏都对苹果生长造成危害，相反，某种元素过多也对苹果生长造成危害，因为一种元素过量意味着其他元素短缺。

（二）果树所需矿质营养元素的生理作用

1. 氮　氮元素是果树树体中蛋白质、酶类、核酸、叶绿素及维生素等的组成成分。氮的主要作用是促进果树营养生长、加速幼树成形、延迟树体衰老、提高光合作用效能、促进果实增大、改善品质和提高产量。氮在植物生命活动中起着极其重要的作用，故又称为生命元素。

2. 磷　磷元素是形成果树细胞中原生质和细胞核的主要成分。磷的主要作用是促进花芽分化，提早开花结果，促进种子成熟和根系生长，改善果实品质，同时还能增强根系吸收能力，促进根系生长，提高抗旱、抗寒能力。

3. 钾　钾元素对植物新陈代谢、碳水化合物的合成、运输和转化具有重要作用。钾最主要的功能是促进细胞分裂，促使果实膨大和成熟，改善品质风味，提高耐贮性，促进枝条成熟，增强果树抗病虫害、抗寒、抗旱、抗倒伏、抗不良环境的能力。钾与果实品质关系最为密切，因此钾被称为“品质元素”。

4. 钙　钙元素在植物体内起着平衡生理活动的作用，能促进植株对氮、磷的吸收，是植物细胞膜的重要组成部分。钙对根系的发育也有明显作用，并有杀菌杀虫效果；另外钙还能降低果实呼吸，推迟成熟，提高果实硬度和贮运性。

5. 镁　镁是叶绿素的组成部分，也是许多酶的活化剂，与碳水化合物的代谢、磷酸化作用、脱羧作用关系密切。植物缺镁时果实不能成熟，果个小，着色差。老叶的尖端和叶缘的脉尖色泽褪

淡，由淡绿变黄再变紫，随后向叶基部和中央扩展，但叶脉仍保持绿色，在叶片上形成清晰的网状脉纹；严重时叶片枯萎、脱落。

6. 硫　硫是构成蛋白质不可缺少的成分，含硫有机物参与植物的呼吸过程中的氧化还原作用，影响叶绿素的形成。植物缺硫时的症状与缺氮时的症状相似，变黄比较明显。一般症状是植株矮，叶细小，叶片向上卷曲，变硬易碎，提早脱落，开花迟，结果少。

7. 锌　锌元素能促进愈伤组织形成、花粉发芽、授粉受精，并增加单果重。果树缺锌时新梢生长受阻，严重缺锌时影响花芽形成，果实畸形。

8. 锰　锰元素直接参与光合作用和氮代谢，有维持叶绿体膜正常结构的作用。果树缺锰后，叶子失绿或呈花色。

9. 硼　硼元素能提高光合作用和蛋白质的合成，促进碳水化合物的转化和运输。果树缺硼，常形成不正常的生殖器官，并使花器和花萎缩，导致坐果率降低。

10. 铁　铁元素是合成叶绿素时某些酶的活化剂。果树缺铁时，不能合成叶绿素，叶片黄化。

11. 铜　铜是作物体内多种氧化酶的组成成分，因此在氧化还原反应中铜有重要作用。它还参与植物的呼吸作用，影响到作物对铁的利用，在叶绿体中含有较多的铜，因此铜与叶绿素形成有关。不仅如此，铜还具有提高叶绿素稳定性的能力，避免叶绿素过早遭受破坏，这有利于叶片更好地进行光合作用。

12. 氯　植物对氯的需要量比硫小，但比任何一种微量元素的需要量要大。植物光合作用中水的光解需要氯离子参加。而大多数植物均可从雨水或灌溉水中获得所需要的氯。因此，作物缺氯症难于出现。氯有助于钾、钙、镁离子的运输，并通过帮助调节气孔保卫细胞的活动而帮助控制膨压，从而控制了损失水。

13. 钼　钼在作物体内的生理功能主要表现在氮素代谢方面。钼还能促进光合作用的强度以及消除酸性土壤中活性铝在植物体内累积而产生的毒害作用。

二、果树营养需求特点

（一）幼年果树的需肥特点 对氮、磷、钾肥料都需要，尤其对氮、磷肥需求较多，磷对根系生长有积极促进作用。

（二）成年结果期果树的需肥特点

1. 需要养分的数量大，种类多 每年采收果实、修剪树枝，带走了大量的养分，平衡供肥是保持树体营养的关键。

2. 需求元素有变化 随着树龄的增长，不仅对大量元素需求比例有变化，而且对中微量元素的需求更迫切，改土培肥尤为关键。

3. 全年对氮、钾需求数量多于磷 各生育阶段对氮、磷、钾的需求数量和比例不同。萌芽、开花、新枝生长需要较多的氮素。幼果期到膨果期需要充足的氮、磷、钾，尤其是氮和钾。果实采收后至落叶是树体营养积累时期，营养积累的多少对来年萌芽开花影响较大。

4. 有明显的需肥高峰期 5～7月是生长旺盛期，枝叶生长、花芽分化、开花结果、根系生长需消耗大量的营养物质。

三、果树年周期营养分配规律

春季是利用贮藏营养的器官建造期。这一时期包括萌芽、展叶、开花、坐果至新梢迅速生长前，即从萌芽到春梢封顶期。此期果树的一切生命活动的能源和新生器官的建造，主要依靠上年贮藏营养。可见贮藏养分的多少，不但关系到早春萌芽、展叶、开花、坐果和新梢生长，而且影响后期果树生长发育和同化产物的合成积累。如果开花过多，新梢和根系生长就会受到抑制，当年果实大小和花芽形成等也无法得到保证。对苹果有关试验结果表明，果实细胞的增大与春季展叶后叶面积的大小密切相关。贮藏营养水平高的果树叶片大而厚，开花早而整齐，而且对外界不良环境有较强的抵抗能力，表现叶大、枝壮、坐果高、生长迅速等。果树盛花期过后，新梢生长、幼果发育和花芽生理分化等对养分需求量加大，根系、枝干贮藏营养因春季生长的消耗渐趋殆尽，而叶片只有长到成

龄叶面积的70%左右时制造的光合产物才能外运，因此出现营养临界期或转换期。此时激烈的养分竞争，常使苹果新梢第9～13片叶由大变小、落果加重，花芽分化不良等。如上年贮藏营养充足，当年开花适量，则有利于此期营养的转换，使后期树体营养器官制造的光合产物及时补充供给果树生长。

夏季是利用当年同化营养期。这一时期从六月落果期到果实成熟采收前。此期叶片已经形成，部分中短树枝封顶，进入花芽分化，果实也开始迅速膨大；营养器官同化功能最强，光合产物上下输导，合成和贮藏同时发生，树体消耗以利用当年有机营养为主。所以，此期管理水平直接影响当年果品的产量、质量和成花数量与质量。

秋季是有机营养贮藏期。这一时期大体从果实采收到落叶。此时果树已完成周期生长，所有器官体积上不再增大，只有根系还有一次生长高峰，但吸收的养分大于消耗营养。果实采收前主要用于果实膨大，糖分积累。果实采收后开始陆续向枝干的韧皮部、髓部和根部回流贮藏，直到落叶后结束。生长期结果过多或病虫害造成早期落叶等都会造成营养消耗多，积累少，树体贮藏养分不足，而此期贮藏营养对果树越冬及下年春季的萌芽、开花、展叶、抽梢和坐果等过程的顺利完成有显著的影响，可见充分提高树体贮藏营养是果树丰产、优质、稳产的重要保证。

冬季是有机营养相对沉淀期。这一时期从落叶之后到翌年萌芽前。研究资料表明，果树落叶后少量营养物质仍按小枝→大枝→主干→根系这个方向回流，并在根系中累积贮存。翌春发芽前养分随树液流动便开始从地下部向地上部流动，其顺序与回流正好相反。与生长期相比，休眠期树体活动比较微弱，地上部枝干贮藏营养相对较少。

四、胶东地区果园土壤养分评价

（一）胶东地区果园土壤养分状况

1. 有机质 见图2-4。

2. 速效氮 见图2-5。

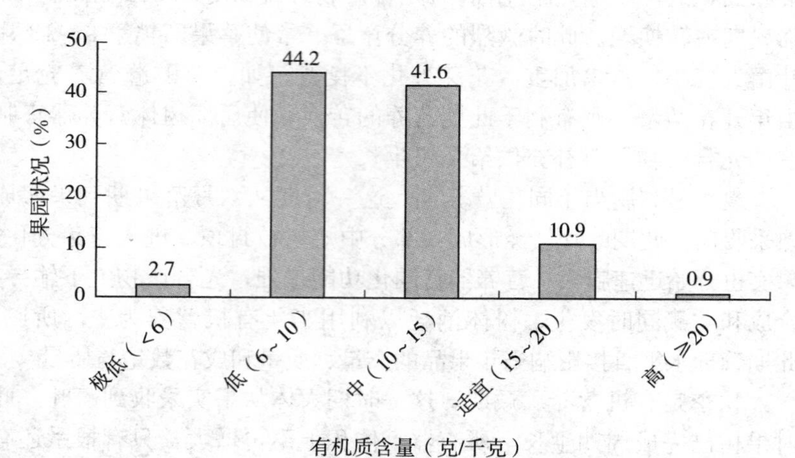

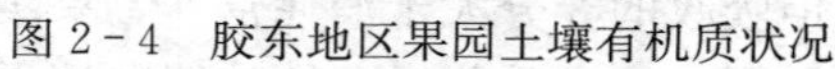
图 2-4 胶东地区果园土壤有机质状况

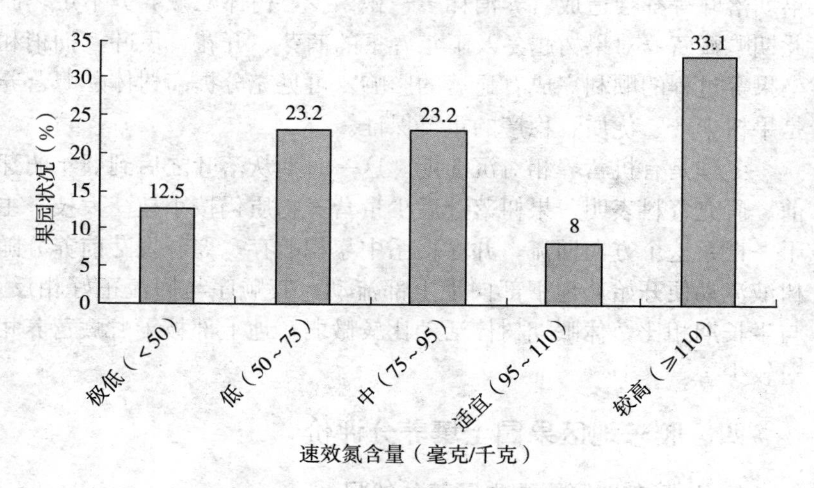

图 2-5 胶东地区果园土壤速效氮状况

3. 有效磷 见图2－6。

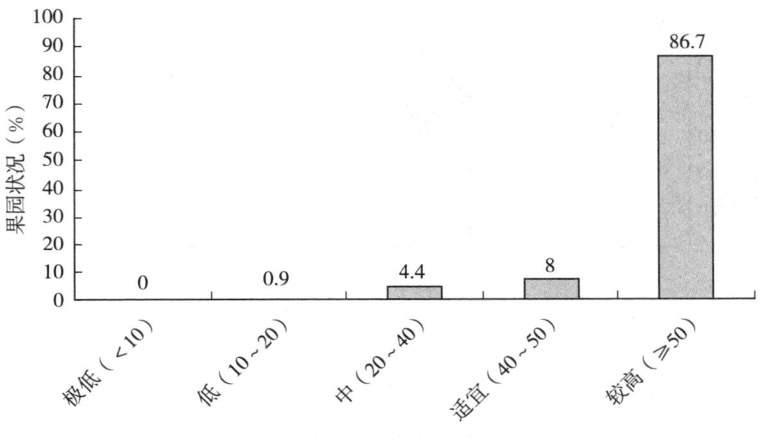

图2－6 胶东地区果园土壤有效磷状况

4. 有效钾 见图2－7。

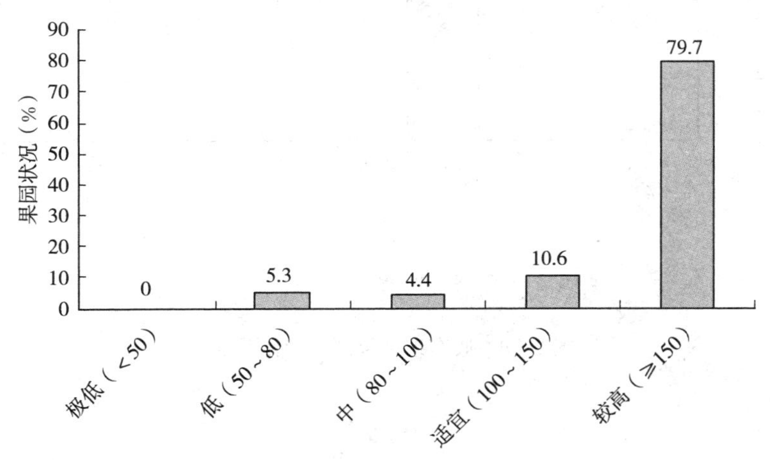

图2－7 胶东地区果园土壤有效钾状况

5. 钙 见图2-8。

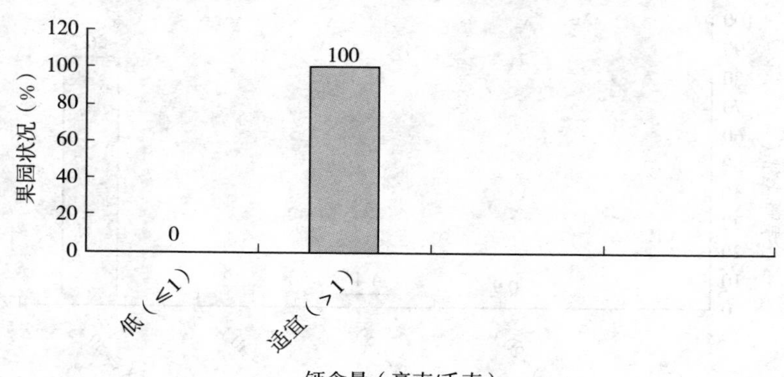

图2-8 胶东地区果园土壤钙状况

6. 镁 见图2-9。

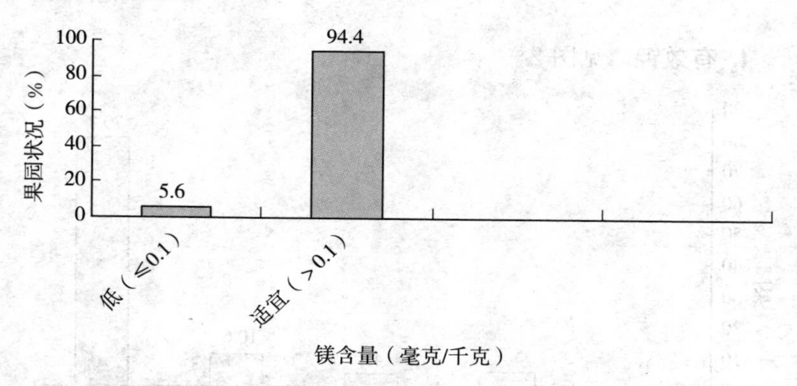

图2-9 胶东地区果园土壤镁状况

7. 锌　见图 2-10。

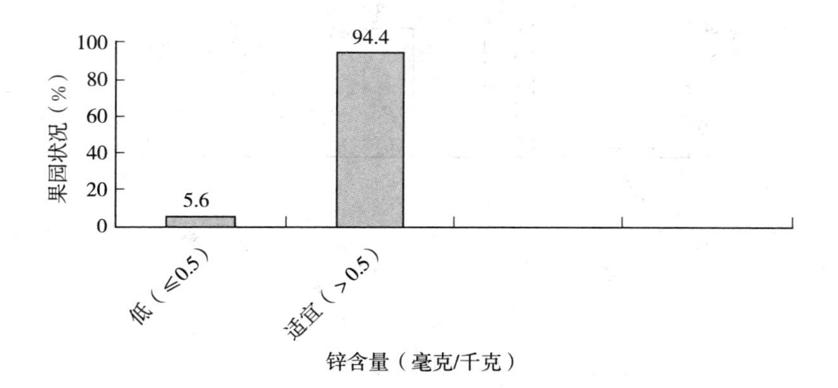

图 2-10　胶东地区果园土壤锌状况

8. 硼　见图 2-11。

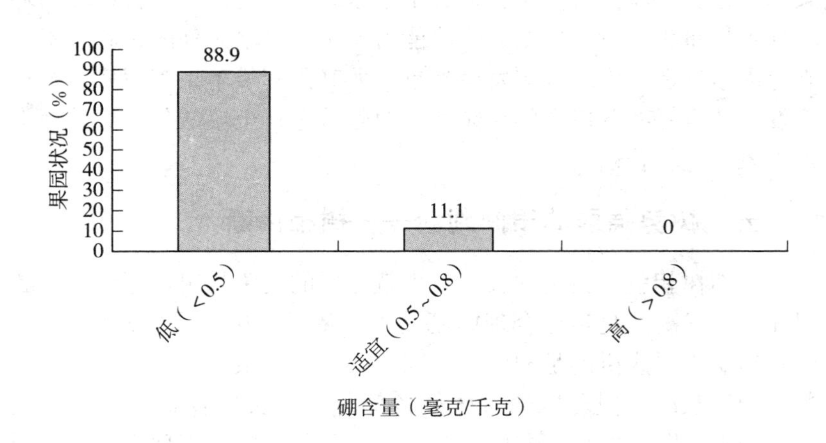

图 2-11　胶东地区果园土壤硼状况

9. 土壤 pH 见图 2-12。

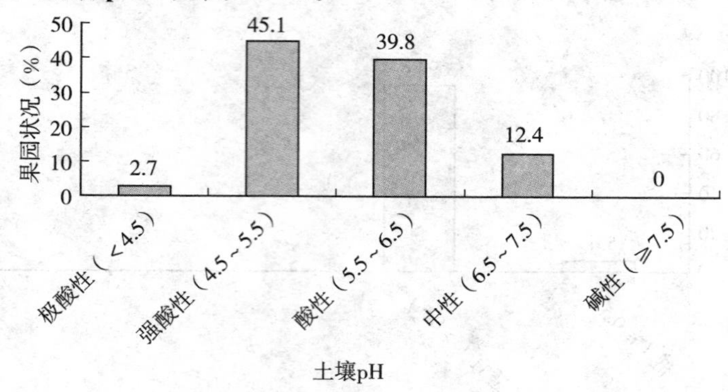

图 2-12 胶东地区果园土壤 pH 状况

（二）胶东地区果园土壤养分总体评价 从胶东地区对苹果园土壤测定结果看，有机质含量处于中低水平，氮素营养多数果园处于中等偏低水平，磷、钾含量偏高；土壤钙、镁、锌基本可满足果树生长的需要，但由于土壤有机质含量低，降低了中、微量元素的活性。果园涝害发生普遍、土壤板结、通透性差、长期环切环剥导致根系生长不良、根系吸收能力差，加之果园郁闭、施肥不合理等因素，造成生理病害发生严重，尤其是套袋苹果苦痘病、黑点病发生较重；80％以上的果园处于缺硼状态；土壤酸化，导致锰中毒现象发生较普遍。

五、树势强弱的田间判断——树相诊断

所谓树相就是指树的长相，也就是树的健康状况，正确的判断树体生长状况，是指导合理施肥的重要依据。中医是中国的国宝，中医给病人看病讲的是望、闻、问、切。苹果虽然无法通过问来判断其健康状况，但可以通过树体各部分的生长发育状况来进行观察，加以判断。根据不同的树体表现，采取相应的管理措施，从而达到早果、优质、丰产的栽培目的。

（一）休眠期树体的观察

1. 树皮颜色 树皮呈现出红色，是树势开始衰弱的表现，如

果树皮呈土黑色，则说明树势较强，衰弱树的树皮多呈灰白色。

2. 枝条的生育状况　枝条基部较粗，从基部到先端急剧变细，易抽生较多的发育枝，很难形成适宜的结果枝。理想枝条的长势为由基部向外粗度逐渐变细，枝条长度应为基部粗度的15～20倍。

3. 树体抽生枝条状况　如抽生过多的徒长枝和枝条先端抽生过多的发育枝，则说明树势过强；如几乎没有徒长枝，结果枝先端仅抽生1个短而细的小枝，则表明树势较弱；稳定的树势则为结果枝先端能抽生1～2个粗壮的中庸枝。

4. 枝质　即指枝条的质量，也就是枝条的充实度。用手轻压枝条顶端，枝条呈弓形，且有一定的弹力，则说明枝条充实度较好，如果呈U形，则表明枝条细弱，不充实。

（二）生长季节的观察　生长季节主要是看新梢的生长发育状况，富士苹果适宜的指标为：外围新梢生长量为25～30厘米，6月底新梢停止生长率为80%左右，有秋梢的枝不超过总枝量的10%。

一般从开花开始新梢就已进入加长生长期，树势弱、花量大的树，新梢开始加长生长期较晚；如果6月底新梢停止生长率仅有50%～60%，则表明树体生长过旺，应加以控制，反之，100%停止生长，则树势衰弱；有秋梢枝条达到20%～30%时，说明树势较强，无秋梢则树势较弱。果台副梢多数长度为15～30厘米，且长到10～15片功能叶时就停止生长，这样的树结果早，易丰产稳产。

六、当前果园施肥上存在的问题

1. 过分依赖化肥，有机肥施用不足　近几年虽然果农都重视了有机肥的施用，但总体来看有机肥用量仍旧不足，尤其是在生长季节追肥时，化肥施用量仍偏大，导致土壤有机质含量偏低，理化性状恶化，土壤板结、酸化严重。

2. 氮、磷、钾配比不适宜，不能根据土壤养分状况合理施肥　就胶东地区土壤养分状况而言，70%以上的果园磷、钾含量偏高。磷含量过高造成钙的有效性降低，同时也影响到其他元素的平衡吸收。适宜的钾能增加果实含糖量和促进着色，但钾过量易引起果实早熟，反而使果实着色不良。而果农在施肥上偏重于选用高含量肥料，比如氮磷钾 15－15－15、16－16－16 等，既增加了生产成本，同时也降低了各种养分的利用率，导致营养元素间吸收不平衡，这也是当前生理性病害严重的一个重要原因。

3. 不重视秋施基肥　基肥是一年中供应时间较长的肥料，秋施基肥有利于增加树体贮藏营养，增强树体抗逆性，促进翌年萌芽、展叶、开花、坐果等。目前多数果园只重视果树萌芽前施肥，秋季不施基肥，导致树体贮藏养分不足，越冬冻害现象严重，不利于果树的前期生长发育。

4. 忽视中、微量元素的施用　从现在的施肥状况来看，对钙肥的施用越来越重视，其他中、微量元素施用太少，比如硼、锌、铁、镁等，连续 3 年不施用硼肥的果园高达 80％以上，进而导致果园缺锌、缺硼、缺钙等生理性病害越来越严重。

5. 施肥方法不当，导致肥害频繁发生　突出表现在肥料施用过于集中，施肥后肥料不与土壤混合，出现肥料伤根现象。同时，施肥后由于施肥坑内养分浓度过高，根系不能及早吸收利用，也降低了肥料的利用率。

七、改革施肥观念，增加肥料投入

（一）增施有机肥，提高土壤有机质含量

1. 土壤有机质的作用　衡量土壤肥沃程度的一个重要指标就是土壤有机质含量高低，要想生产高质量的果品必须培肥地力，提高土壤有机质的含量。当前果园土壤有机质含量一般在 6～10 克/千克（0.6％～1％），这是果品质量难以提高的一个重要因素。

土壤管理的核心，简单来讲就是调节土壤的水、肥、气、热，使其满足果树根系生长的需求，有机质在土壤水、肥、气、热调节方面有着极其重要的作用，具体表现在以下方面：

（1）土壤有机质可以有效提高土壤的透气性，有机质充足，土壤疏松通气。

（2）有机肥降解产生大量腐殖质，黏土颗粒的吸水率为50％～

60%，腐殖质的吸水率为500%～600%，它的保肥能力是黏土的6～10倍。腐殖质是良好的胶结剂，在有电解压，尤其是钙离子存在的条件下，腐殖质产生凝聚作用，使分散的土粒胶结成团聚体，形成良好的水稳性团粒。水稳性胶粒具有巨大的吸附、释放和交换能力，在土壤养分和水分充足时吸收、贮藏，在土壤水分和养分缺乏时缓慢释放，增强了土壤对一次性大量施入化学肥料产生大量无机盐的缓冲能力，可以有效减轻肥害。同时大量团粒结构的存在大大提高了毛细根与土壤的接触界面，增强了根毛吸收区的离子交换能力，保肥保水，提高肥效，提高肥料利用率。

（3）土壤有机质可以有效保证根系良好生长必需的稳定的湿度和温度环境。

（4）有机质促进岩石和矿物的风化作用，提高土壤自身供肥能力。同时有机质在矿化过程中释放的微量元素可以在一定程度上满足树体生长的需求。

（5）大量水稳胶粒的存在可以自动平衡果树根系对各种矿质元素的均衡、稳定吸收，减轻由于土壤酸化、盐渍化对果树生长产生的危害，有效减轻当前各种生理性病害严重发生给果农带来的损失。

（6）大量有机质的存在是土壤动物的食物来源，同时为土壤微生物提供了充足的能量来源，而土壤动物和土壤微生物的大量存在进一步优化了土壤微环境，为根系生长提供了良好条件。

提高土壤有机质最好的办法是果园生草，最直接的办法是向土壤内增施有机肥。

2. 有机肥的种类

（1）堆肥　堆肥是我国农村中广泛应用的一种有机肥料，它是利用秸秆、落叶、野草、水草、绿肥、草炭、垃圾、河泥、人畜粪尿等各种有机废弃物堆制而成的。但随着果树面积的增加，农作物种植量越来越少，堆肥的原料也越来越少，为此，堆肥目前在生产上已成为一种较难利用的有机肥。

（2）圈肥　指家畜、家禽的排泄物。圈肥应用前必须经过无害化处理。高温季节的6～8月，将圈肥进行集中堆沤，直到无臭味时即是处理好的圈肥。夏季堆沤的圈肥一般果实采收后即可施用。

（3）商品有机肥　即肥料厂加工生产的有机肥，如豆粕、棉籽粕、菜籽粕、花生饼等。由于受场地的影响，农民自行堆沤土杂肥和圈肥变得越来越困难，为此使用商品有机肥是最省力、最方便的一种方式。

（4）沼渣、沼液　沼渣、沼液是非常好的有机肥，可以放心使用。随着农村沼气技术的普及，沼渣、沼液越来越多，也为果树添加了一类新的有机肥源。

（5）果树枝条　这是一类最可利用但又没有被利用的有机肥。果树枝条利用可采用两种方法。

一是工厂化加工。此种方法由专门的生产厂家进行加工生产，较粗的果树枝条也可以利用。先将果树枝条采用机械粉碎，然后进行高温高压水解，最后将水解后的果树枝条加入发酵菌剂进行堆积发酵。

二是简易处理。此种方法只能利用较细的果树枝条，适宜农民自己生产有机肥。将果树枝切成烟头长短的碎屑与圈肥等一起加入发酵菌剂进行堆沤发酵。该方法需要发酵的时间较长，一般春季堆沤，秋季施入土壤。

优点：利用果树自身的器官，营养更全面；改良土壤，果树枝碎屑施入土壤后要经过7～10年才能逐渐分解，是良好的土壤改良剂；为土壤微生物的活动提供良好的环境条件；改善土壤的通气性、保水性、排水性、保肥性；调节地温。

3. 有机肥的施用时间　果实采收后至封冻前，越早越好。此期根系处于秋季生长高峰期，吸收能力较强，对增加树体贮藏养分非常有利。未结果的幼树也可在9月底至10月初施用。

4. 有机肥的施用方法　一般采用放射状沟或条状沟施肥法，深度15～40厘米。土杂肥和充分腐熟的圈肥可适当深些，商品有机肥可适当浅些，一般为15～20厘米。盛果期大树，根系已遍布全园，如果单施土杂肥或充分腐熟的圈肥，也可进行树盘撒施，方法是将腐熟好的有机肥均匀的撒到树盘下，然后进行浅翻或深锄。

（二）合理施用氮、磷、钾肥　依据胶东地区果园土壤养分状

况，在氮、磷、钾的施用上应做到因地制宜，合理施用，并注意以下几点：

1. 施肥原则 增氮、控磷、适当施钾。

2. 氮、磷、钾比例 依据目前果园土壤养分状况，氮、磷、钾比例以2∶1∶1.7为宜。

（三）重视中、微量元素的施用 中、微量元素施用量根据树体大小和产量而定，盛果期大树，一般硝酸钙亩用量为50千克，硅钙镁亩用量为100～150千克；硼砂株施用量不超过150克，可隔年施用；硫酸锌、硫酸亚铁、硫酸镁等株施用量为250克。目前市场上有很多有机中、微量元素肥料，使用方便，并可与有机肥和氮磷钾复合肥混合施用，可在生产上推广应用。

八、施肥量的确定

（一）有机肥施用量 根据有机肥种类、土壤有机质含量和产量而定，盛果期大树，一般土杂肥施用量为1千克果实施用1～1.5千克肥，有机质含量40%～50%的商品有机肥亩施用量不少于400千克。

（二）氮、磷、钾施用量 按每生产100千克果实分别施纯氮1.0千克、五氧化二磷0.3千克、氧化钾0.6千克比例施用。

（三）基于土壤养分状况、目标产量推荐施肥量（山东农业大学姜远茂）

1. 有机肥推荐施用量 见表2-1。

表2-1 果园有机肥施用量

有机质含量（%）	产量水平（千克/亩）			
	2 000	3 000	4 000	5 000
≥1.50	1 000	2 000	3 000	4 000
1.00～1.49	2 000	3 000	4 000	5 000
0.50～0.99	3 000	4 000	5 000	—
≤0.49	4 000	5 000	—	—

注：表中有机肥为土杂肥。

2. 氮肥推荐施用量　见表2-2。

表2-2　果园氮肥施用量

碱解N含量（毫克/千克）	产量水平（千克/亩）			
	2 000	3 000	4 000	5 000
≤75	25～40	35～45	—	—
76～100	15～30	25～40	35～45	—
101～125	10～20	15～30	25～40	35～45
116～150	5～10	10～20	15～30	25～40
＞150	＜5	5～10	10～20	15～30

3. 磷肥推荐施用量　见表2-3。

表2-3　果园磷肥施用量

有效磷（毫克/千克）	产量水平（千克/亩）			
	2 000	3 000	4 000	5 000
＜15	8～10	10～13	12～16	—
15～30	6～8	8～11	10～14	12～17
30～50	4～6	6～9	8～12	10～15
50～90	2～4	4～7	6～10	8～13
＞90	＜2	＜4	＜6	＜8

4. 钾肥推荐施用量　见表2-4。

表2-4　果园钾肥施用量

速效钾（毫克/千克）	产量水平（千克/亩）			
	2 000	3 000	4 000	5 000
＜50	20～30	23～40	26.5～43	—
50～100	16.5～20	20～30	23～40	26.5～43
100～150	10～13	16.5～20	20～30	23～40
150～200	6.5～10	10～13	16.5～20	20～30
＞200	＜6.5	6.5～10	10～13	16.5～20

九、苹果推荐施肥方案

（一）基肥　基肥是一年中供应时间较长的肥料，果树萌芽、开花、坐果以及前期果实细胞分裂主要来自于树体的贮藏营养。而树体的贮藏营养主要来自于上一年秋季果实采收后叶片制造的有机营养回流到树体和根系吸收的无机营养贮藏到树体。为此，果园施肥必须重视基肥的施用。

1. 基肥的施用时间　基肥施用时间根据品种而定，早中熟品种应在9月底至10月初进行，晚熟富士品种考虑到现行的栽培模式和果农的生产管理习惯，可以掌握在果实采收后至封冻前进行，越早越好。

2. 基肥的种类　基肥应以有机肥为主，适当配合氮、磷、钾速效性肥料和中、微量元素肥料。

3. 施肥方法　可采用放射状沟施肥法、环状沟施肥法或条状沟施肥法，深度15～40厘米。施肥后应将肥料与土混合均匀，土和肥料的比例为3∶1。

4. 推荐方案

（1）配方　商品有机肥＋复合肥或有机无机复合肥＋中微量元素肥料。

（2）配比　商品有机肥＋复合肥＋中微量元素肥料为3～4∶1∶0.5～1。

商品有机肥＋有机无机复合肥＋中微量元素肥料为2～3∶1∶0.5～1。

一般有机肥有机质含量在50%以上，复合肥氮磷钾总含量在40%左右，有机无机复混肥氮磷钾含量在30%左右，中微量元素肥料为有机螯合态中微量元素肥。

（3）施肥量　根据产量而定，每生产100千克果实施用8～10千克。

（二）追肥

1. 追肥时期

（1）果树萌芽前（3月中下旬）　如果上年秋季果实采收后基

肥施用量较为充足，此期可仅追施氮肥，一般每株追施尿素0.5～1千克。如果没有施基肥，此期按照秋施基肥的配方和用量施用。

（2）春梢停止生长后（6月下旬即套袋后） 此期为营养转换期，新梢基本停止生长，花芽开始分化，而且开花坐果也消耗了大量营养，需要补充营养，但要根据树势和果实生长情况灵活掌握。如果树势强健，且果实发育良好，说明前期肥料充足，此期可不追施。如果树势较弱，果实发育不甚理想，此期应补充肥料。

（3）后期果实膨大期（8月下旬） 关键性肥料，对果实膨大效果明显。

2. 施肥种类 后两期可选用有机生物肥、复合肥、有机无机复混肥、水溶性复合肥等。施肥量不宜太大，以氮磷钾含量40%左右的复合肥为例，每次每株追施2～3千克即可。

3. 施肥方法 穴施、放射状沟施或撒施均可。

（三）幼树施肥方案（1～4年生） 幼树定植后的1～4年应以长树为主，促进树体生长，尽快建立良好的树体结构。为此，施肥上应以氮、磷为主。幼树基肥要早施，一般掌握在9月下旬至10月上旬进行。

1. 基肥推荐配方 有机肥＋复合肥＋有机中微量元素肥料，比例为2∶1∶0.5。施肥量根据树龄而定，定植的当年株施用1千克，定植第二年株施用2千克，定植第三年株施用3千克，定植第四年株施用5千克左右。

2. 追肥 定植当年，当新梢长至10厘米左右时开始追肥，每株施用25克尿素，以后每隔30天株施尿素50克，全年追施3～4次。定植第二年，果树萌芽前株施尿素50克，以后每隔30天左右株施尿素100克，全年施用3～4次。定植后的第3～4年可掌握在果树萌芽前、春梢停止生长后和秋梢生长前进行，每株施用氮磷钾复合肥或有机无机复混肥150～500克。每次追肥要结合浇水同时进行。

（四）根外追肥 根外追肥又叫叶面追肥。作为一项土壤施肥的辅助措施在生产中广泛应用。所谓根外追肥就是将肥料溶解于水

中，直接喷洒到果树的枝干和叶片上，通过枝干皮孔和叶片被果树吸收利用。根外追肥具有果树吸收快、肥料利用率高、不受土壤环境影响、不被土壤固定等优点。

1. 根外追肥的时期

（1）萌芽前　萌芽前喷施尿素 100 倍液，可以增加短果枝内氮的含量，促进萌芽、开花和新梢生长，提高坐果率。结合喷干枝加用硫酸锌 25～30 倍液对于防止小叶病效果明显。

（2）开花前后　花前和花期喷施 0.3％的硼砂或含硼叶面肥和 0.3％的尿素可有效提高坐果率，预防因缺硼导致的缩果病的发生。

（3）坐果后至套袋前　喷施叶面钙肥，可减少缺钙生理性病害如苦痘病、痘斑病、黑点病的发生。

（4）套袋后至果实采收前　结合喷药可喷施氨基酸类、腐殖酸类、甲壳素类叶面肥，对于促进花芽分化、果实生长发育具有较好的效果。7 月下旬至 9 月上旬喷施叶面钙肥可预防苦痘病、黑点病的发生。果实生长后期喷施磷酸二氢钾 300 倍液可促进果实着色，增加果实含糖量，使花芽充实。

（5）果实采收后　果树落叶达到 50％左右时可喷施尿素 200 倍液，加硫酸锌 200 倍液，加磷酸二氢钾 200 倍液，可有效增强树体的越冬抗寒能力和预防缺锌小叶病的发生。

2. 根外追肥注意事项

（1）根外追肥只能作为一种辅助手段，来补充某段时期果树对于养分的急需，不能代替土壤施肥。

（2）掌握适宜的浓度。根外追肥的浓度一般较低，如果浓度过大容易造成肥害，为此，在进行根外追肥时要根据不同的追肥时期、追肥种类选择适宜的使用浓度。

（3）选择适宜的肥料种类。不同时期采用不同的肥料，要根据果树生长发育时期选择适宜的肥料种类。同时要注意同种肥料不同生产厂家其安全性也不尽相同，比如尿素，有些尿素生长季节使用时容易发生肥害。对于没有把握的叶面肥料，在使用前建议先做试验，确保使用的安全性。

（4）喷施时间。一天内以晴天上午10时前和下午4时后或阴天最好，可避免高温下肥液迅速蒸发或浓缩造成的肥效降低或者发生肥害。

（5）与药剂混合使用时要注意酸碱度。有些叶面肥与药剂混用易发生反应，导致药效和肥效降低，混合时要注意观察。

第四节　苹果钙素营养及苦痘病防治技术

苹果苦痘病是由于缺钙引起的生理性病害，缺钙除引起苦痘病外，还可引起痘斑病、黑点病、水心病等。钙主要以果胶酸钙的形式存在于果皮的细胞壁中，缺钙还可引起果面表光差、皲裂和裂果加重。钙是苹果不可缺少的营养元素之一，是继氮、磷、钾之后的一个非常重要的中量元素。

一、苹果钙素营养特点及分布

（一）苹果钙素营养特点

1. 果树对钙的吸收为被动吸收，靠蒸腾拉力随水运送到地上。钙由根系吸收后，主要通过蒸腾液流由木质部运输到旺盛生长的枝梢、幼叶、花、果及顶端分生组织。

2. 钙是一个不易流动的元素，多存在于茎叶中，老叶多于幼叶，果实少于叶子，钙只能单向（向上）转移。

3. 一年中有两个吸收高峰，春季为落花后的4～6周，秋季为8月上旬至9月上旬。

4. 后期吸收多于幼果期。研究结果表明，幼果期（6月14日之前）未套袋果钙吸收量约占成熟期钙总量的30%，套袋果约占42%。

（二）钙在树体内的分布

钙在树体内以叶片中含量最高，果实中含量最低，钙在苹果树体内各器官的含量依次为：叶2.2%、果枝2.1%、根0.7%、种子0.3%、花0.19%、果实0.02%（图2-13）。

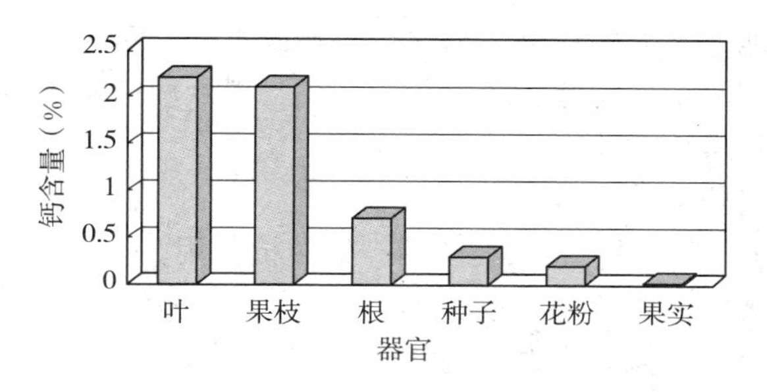

图 2-13 钙在苹果树体的含量

（三）影响苹果钙素营养的主要因子 果树对钙的吸收主要受下列因子影响：一是，土壤钙的含量及其有效性，在缺钙与有效钙含量低的土壤上易发生苦痘病；二是，根系的吸收能力，果树对钙的吸收主要是靠根尖来完成，根系生长发育良好、吸收能力强的果树对钙的吸收相对较多；三是，树体地上部的蒸腾拉力，树体蒸腾拉力越大，进入树体内的钙越多；四是，钙在树体内的运转和分配，分配到果实中的钙越多，则苦痘病越轻。

二、套袋苹果苦痘病严重的原因

（一）蒸腾拉力小 套袋及早给幼果遮光，改变了果实生长的微环境，袋内湿度过大、修剪不合理、树冠郁闭、通风透光不良等均导致果实蒸腾拉力减小，从而使进入果实内的钙量减少，而加重了套袋果缺钙生理性病害的发生。

（二）天气因素 如果在钙的吸收高峰期阴雨连绵，必将影响到树体的蒸腾拉力，同时，雨水过多，土壤含水量过高，土壤空气少，影响到根系的生长，也同样影响到钙的吸收。尤其是秋季阴雨连绵，苦痘病、痘斑病、黑点病均发生较重。

（三）涝害因素 果园涝害导致根系生长不良，尤其是吸收根发生量少，对钙的吸收也相对减少。同时，水分过多增加了果树对氮素的吸收，使 N/Ca 比失调，从而加重了缺钙生理性病害的发生。果园内涝现象发生严重是当前生产普遍存在的问题，调查发现，胶东地区绝大多数果园都存在或轻或重的内涝现象，从生产实践来看，容易积涝的低洼地一般苦痘病、黑点病均发生较重，而且无论什么年份均有发生。

（四）肥料施用不当

1. 施肥不合理，导致离子间产生拮抗作用。

氮肥施用过多，N/Ca 比加大，影响了钙的吸收，一般表现在幼旺树上及偏施氮肥、大量施用未腐熟的圈肥的果园；偏施钾肥，K/Ca 比不适宜，一般表现为果实早熟的果园；磷肥施用过多，导致磷与钙结合形成难溶性的钙盐，降低了钙的有效性。同时，磷含量过高也影响到其他元素的吸收。

2. 长期施用化肥，土壤酸化严重，降低了钙的有效性。

3. 钙肥施用不当。无机钙与果树专用肥混合施用，造成钙被固定；地面撒施钙肥，钙不能与根系接触，同时空气中的 CO_2 和 SO_2 与钙接触形成碳酸钙（石灰石）和硫酸钙（石膏），降低了钙的有效性。

（五）只重视前期补钙，忽略了后期补钙 研究表明，套袋果和未套袋果整个果实生长期钙的含量均呈持续下降趋势，但未套袋果钙含量在花后 93 天（7 月 27 日）前下降较快，此后几乎维持不变；套袋果钙含量始终呈快速下降趋势，至果实成熟时，套袋果钙含量明显低于未套袋果。

套袋果在果实的快速生长时期（花后 93 天后）钙含量的下降速率高于未套袋果，说明在果实快速生长时期，套袋果对钙的吸收量要低于未套袋果，套袋果苦痘病发生严重主要是由于这一时期钙的吸收量减少引起的，可见，果实补钙的关键期应该是发育后期。

三、预防措施

（一）科学施肥，平衡养分吸收

1. 增施有机肥，提高土壤有机质含量。有机质在分解过程中可以产生大量的有机酸，有机酸可显著提高土壤中钙的有效性，同时有机质含量丰富的土壤，可促使土壤养分平衡供应。

2. 控制氮肥施用量，预防果树旺长，并注意氮、磷、钾比例。

3. 适量增加硼肥的施用。

（二）加强土壤管理，为根系生长创造一个良好的环境条件

注意果园排涝，预防涝害发生，通过果园生草、推广应用起垄沟灌栽培技术，提高土壤的通透性，改善根系生长的环境条件，促进表层根的生长发育。

（三）叶面喷钙，全程补钙

1. 生产上常用的叶面钙主要有两大类　一是外源性钙，主要是通过器官对钙的吸收来达到补钙的目的，受喷施时间的限制，套袋后喷施几乎无效。如氨基酸钙、氯化钙、硝酸钙等。二是内源性钙，主要是通过调节钙的分配和运转，来达到补钙的目的，其内部所含的活性物质可以将叶片中的钙转移到果实中去，不受喷施时间的限制。常见的内源性钙多为甲壳素类叶面钙肥。

2. 叶面钙的应用技术　整个果实生长期要求叶面喷施5～6遍钙肥。

（1）落花后至套袋前　结合喷药喷布叶面钙肥，此期外源性钙与内源性钙交替使用，但对外源性钙要注意喷洒到幼果上，否则幼果难以吸收。此期注意选用可溶性钙含量高的叶面钙肥。

（2）7月下旬至9月上旬　结合喷药再喷布2～3遍叶面钙肥，此期可选用内源性的叶面钙肥。

（四）土壤补钙

1. 钙肥的种类　钙肥包括无机钙和有机生物钙，生产上应用较多的无机钙有硝酸钙、硅钙镁等；有机钙多为有机中、微量元素复混肥料，主要是腐殖酸、氨基酸螯合态钙。

2. 钙肥施用时间　一般掌握在萌芽前施用，也可在果树落花以后马上施用。有机中、微量元素钙肥可与有机肥、复合肥混合，秋施基肥时施入土壤。值得注意的是无机钙要尽量单施，避免与复合肥混合施用，否则易造成钙的固定，降低钙的有效性。

3. 钙肥施用方法　可采用放射状沟施肥法，沟深15～20厘米，无机钙要避开复混肥施肥坑。

第五节　果园水分管理

树体的生长，营养物质的吸收、运输，光合作用的进行，有机物质的合成运转，细胞分裂与膨大，树体温度调节等重要生命活动都离不开水，所以水是果树生长、优质丰产的基础，也是果树各器官和产量形成的重要物质。一般来讲，枝、叶、根的含水量为50％左右，而果实含水量为80％～90％，因此果园土壤水分状况与果品产量和品种有直接关系。为此，果园水分管理是果品生产的一个重要环节，决不能被忽视。

一、当前果园水分管理存在的弊端

大水漫灌、树盘浇水是当前生产上采用的主要灌水方式。其主要有以下弊端：

1. 水资源浪费严重　大水漫灌需水量大，而且大量的水形成重力水而流失，造成水资源的浪费。

2. 容易造成表层吸收根死亡　大水漫灌后，导致土壤孔隙被重力水所占满，土壤的通气性变差、温度降低，造成表层吸收根大量死亡，而这些根系的死亡会造成果树营养暂时亏缺，直到新的吸收根生长出来。生产上一些果园经过大水漫灌后会出现叶片发黄甚至落叶现象。

3. 土壤板结现象加重　大水漫灌对土壤的侵蚀、压实作用很强，破坏土体结构和团粒结构的形成，造成土壤板结。

4. 降低地温　春季漫灌后土壤温度上升慢，新根发生时间推迟，根系生长受到限制。

5. 养分流失严重　大水漫灌导致重力水数量增加，土壤养分随重力水进入地下而流失，同时导致了对地下水的污染。

二、果树需水规律

苹果树在整个生长期都需要水分，但一年中需水量随季节的变

化而变化。

1. 春季发芽前后至开花期 气温低，叶幕小，耗水量少，但如供水不足，则造成发芽不整齐，影响新梢生长及坐果。

2. 新梢旺盛生长期 气温不断升高，叶片数量和叶面积急剧增加，需水量增加，称为“需水临界期”。此期必须保证供水，否则将影响到树体和果实的生长发育，但供水太多，往往造成树体徒长。

3. 花芽形成期 需水较少，适度的干旱有利于花芽的形成，应适当控水。水分过多将影响到花芽的形成。

4. 果实迅速膨大期 为“第二需水临界期”，气温高，叶幕厚，果实迅速膨大，水分需求量多。

5. 果实采收前 气温逐渐降低，叶片和果实消耗水分不多，一定的空气湿度有利于果实着色，但水分供应不能太多，否则会影响果实着色和降低果实品质。

6. 休眠期 气温低，没有叶片和果实，苹果树的生命活动降至最低点，根系吸收功能弱，水分需求量少。

三、灌水时期

苹果树灌水时期应根据降雨、土壤缺水情况及果树需水规律而定，要掌握“随旱随浇”的原则，做到浇、排、保、节水并重，灵活掌握。一般气候条件下，果园灌水应掌握以下几个重要时期。

1. 果树萌动期 早春果树萌芽、新梢生长、开花坐果需水量较大，一般年份胶东地区春季降水量较少，满足不了果树对水分的需求，所以春旱年份要适时灌水。此期灌水可促进果树萌芽和新梢生长、提高坐果率，同时还可以减轻倒春寒和晚霜冻害的发生。

2. 幼果期 落花后至套袋前为幼果生长和春梢旺长期，对水分的需求量大，称为“需水临界期”。水分不足易导致果个偏小，并造成大量落果，但水分过多，新梢生长过旺，也易造成严重落果。为此，此期必须适时适量灌水，宜小水勤浇，但不宜灌大水。落花后 20 天左右为幼果快速生长发育期，如果天气干旱必须灌水。

3. 果实膨大期（7月中旬至8月下旬） 此期水能促进果实膨大，提高产量，但此期已进入雨季，必须根据天气情况适时灌水，水分过多将会影响到果实品质，降低果实的贮藏性。

4. 果实采收前 此期适当灌水能增加果实中水分含量，降低果园温度，增加果园湿度，减轻摘袋后果实日烧现象的发生。但灌水过多将影响到果实着色和降低果实品质。

5. 果实采收后 此期为根系生长高峰期，秋施基肥后如土壤干旱应结合施肥适当灌水。此期灌水可提高叶片的光合效能，促进根系生长，增加树体的贮藏营养。

6. 封冻水 土壤封冻前，可促进果树根系生长，预防冬季冻害发生，确保果树安全越冬。

苹果园灌水一般应结合施肥进行，每次施肥后均应灌水，以加速肥料分解，促进果树对养分的吸收。上述为苹果水分管理的几个关键期，整个生长季节要根据土壤状况、干旱程度及时补充水分，以确保树体的正常生长发育。

四、果园灌溉标志和灌水量的确定

果园是否需要灌溉以及灌水多少？最简单和最可靠的标志是观察果园土壤的湿度。根据土壤湿度的大小即可确定是否需要灌溉和灌溉量的大小。

1. 果园灌溉标志 在分布着苹果根系的不同土壤层内，必须含有足够的水分以保证植株生长的需要。对于土壤水分贮存量的补充，必须在降低到不能为果树所利用的水平（即凋萎系数）前，及时进行补充。许多试验研究证明，最适于果树生长发育的土壤湿度是田间土壤持水量的60%～80%，但不同生育时期对土壤水分的要求不同。当土壤含水量降到60%以下时必须灌水，此期树上标志为中午烈日下梢尖和叶片有萎蔫下垂现象。

根据土壤含水量灌水，目前在分散的经营管理模式下很难进行，果农也可以采用以下方法判断是否需要灌水。即在根系集中分布层内，取出深度10～15厘米处的土壤，用手握紧，手握成团，

一触即散，说明土壤湿度适宜，可以不用灌水；如果手握成团，放下后触摸不散开，说明土壤湿度过大，应注意排水；如果手握不成团，必须进行灌水。

2. 灌水量的确定　果树需要灌水，但并不是越多越好，水分不适宜将对果树生长造成不利的影响。为此，灌水量的确定应根据土壤干旱程度和生长期灵活掌握。一般来讲，萌芽期灌水可适当多些，但也不宜过多，一次灌水能渗透到地下 20 厘米左右即可；封冻水应浇足，灌透，以确保冬季果树对水分的需要，保证果树安全越冬；其他时期灌水应掌握小水勤浇的原则，不宜一次灌水过多，一般掌握一次灌水能渗透到地下 10～15 厘米即可。

五、改革灌溉方式，变大水漫灌为行间沟灌

严禁树盘灌水。除采用滴灌、喷灌等节水灌溉措施外，其他灌水方式应严禁树盘灌水。

结合“起垄沟灌”栽培模式，行间沟既是排涝沟，又是灌水沟，需要灌水时将行间的沟灌满即可；行间过大的果园可沿树行两侧在树冠垂直投影下向内开挖宽、深各 30～40 厘米的沟，并将取出的土覆到树盘下。春天两边灌水，夏天需要灌水时可两边沟交替灌水。

六、果园排涝

水是果树生长发育所必需的，但水分过多将影响到果树的生长发育，甚至导致死枝、死树。为此，雨季必须注意果园排涝。一是建立健全排灌系统，开挖排涝沟，雨季将果园土壤多余的水分及时排出；二是雨季注意检查果园，防止果园积水。

第三章 苹果花果管理技术

第一节 人工辅助授粉

苹果属异花授粉植物，自花授粉结实率低或不结实。在配置好授粉树的前提下，配合人工辅助授粉是确保坐果的重要技术措施。生产上看到的偏斜果与授粉不良也有直接关系。授粉充分的果实生长发育良好，果个大，果形端正。

一、人工点授

（一）花粉的采集和贮藏 采集花粉时，首先要选择适宜的授粉品种。授粉品种花期要早于主栽品种2～3天，且与主栽品种亲和力强，以几个品种的混合花粉为好。当花朵含苞待放或初开时，从健壮树上采集花朵，带回室内。制取花药的方法很多，生产上主要采用以下几种方法：一是两手各拿一朵花，花心相对，相互摩擦，让花药全部落于纸上；二是将花瓣拢向花柄，露出花丝，用剪刀将花药剪下；三是用脱药机脱药。将制取的花药过筛，筛去花瓣和花丝，然后薄薄的摊在油光纸上，放在干燥通风的室内阴干，温度保持在22～25℃，也可放到火炕上，但应注意经常翻动，同时火炕的温度不能超过25℃。温度是影响花粉质量的最重要因素，温度过高则花粉发芽率低，出粉量少。切忌在阳光下暴晒花粉。据试验，晒干的花粉发芽率仅为10%。花粉制成后即可使用，如果不能马上使用，最好装入紫色的广口瓶里，放在低温干燥处暂存。

（二）授粉的适宜时期 授粉时期的掌握尤其重要，苹果开花时，一般中心花先开，1～2天后边花相继开放。一个花序内的花

朵，从开始开放到全部谢花通常 7 天左右。一朵花的开放时间为 4～5 天，开花 2 天后，柱头开始萎蔫。实践证明，以花朵开放当天授粉坐果率最高，开放 4 天授粉坐不住果。因此，人工授粉，宜在盛花初期进行，以花朵开放当天或第二天、柱头新鲜时抓紧授粉，以保证坐果。一天内应选择天气晴暖无风或微风的上午 9～10 时为好，整个花期应授 3～4 次。

（三）授粉的方法　可将花粉与滑石粉或干燥细淀粉以 1∶2～5 混合备用，授粉时将花粉分装到洁净小瓶中，用简易授粉工具橡皮头或气门芯等制成授粉器，蘸取花粉，将花粉点在刚开放花的柱头上即可。每花序点 1～2 朵，以中心花为主。初果树和小年树全面点授，盛果树和弱树少点授。如花期受到严重的冻害，可不授中心花，应多授边花，因中心花开放早，受冻重，即使授粉后能坐住果，后期果实生长发育也较差，且果锈重。

二、花期喷粉

用于进行大面积人工授粉，可节省劳力，工作效率高。即将花粉按照一定的比例配成花粉液，喷洒在花朵上。花粉液的配制方法是：10 千克水、500 克白糖、30 克尿素、10 克硼砂、20～25 克花粉，先将水和糖搅拌均匀，加入尿素配成糖尿液，然后加入硼砂和花粉，所配花粉液应在 2 小时内用完。喷粉在盛花期为宜，一株大树需要花粉液 100～150 克。

三、放蜂授粉

利用访花昆虫对苹果进行授粉，也是一种很好的人工辅助授粉方法，可明显地提高坐果率。当前生产上应用较多的访花昆虫主要有两种，一种是蜜蜂，另一种是角额壁蜂。

（一）蜜蜂　晴朗天气，一只蜜蜂每天约可采访 5 000 花次，携带 10 000～100 000 花粉粒，整个花期有 1～2 天对果树充分授粉就有明显作用。放蜂应在开花前将蜂箱移置果园，一般每 3～5 亩果园有一箱蜜蜂即可。

（二）角额壁蜂 角额壁蜂在日本应用较广泛，我国1987年引进，并逐渐推广普及。角额壁蜂和蜜蜂相比具有春季活动早，适应能力强，活跃灵敏，访花频率高，繁育、释放方便等特点，其传粉能力是普通蜜蜂的80～100倍。一般亩释放200～300头即可满足授粉的需要。

角额壁蜂一年1代，卵和幼虫在巢管内发育。老熟幼虫作茧化蛹越夏越冬。果园内释放角额壁蜂具体操作方法如下：放壁蜂授粉的果园应在放蜂前7天喷一遍杀虫杀菌剂，放蜂期间禁止喷洒任何药剂；放蜂时间在苹果中心花开放前4～5天进行，放蜂后一般4～5天为出蜂盛期；将巢箱分散置于果园内，巢箱规格为25厘米×15厘米×25厘米，装巢管300支，巢箱设在背风向阳处，箱底距地面40～50厘米，箱口向南；巢箱周围无水源的，可在箱前4～5米处挖一个小水坑，每天早晚添水，供蜂采湿泥筑巢。巢管用芦管或用油光纸卷成，内壁光滑，长20～25厘米，直径约0.5厘米。每50支为一捆，底端撞齐，并粘纸封死，前端长短错落，分别染上不同的颜色；回收的巢箱及时取出巢管，分别把封口的满管和半管按50～100支一捆捆好，装入纱布或塑料网袋，扎好袋口，挂在通风、干燥、干净的室内储藏。春节前后取出蜂茧，装入大口瓶内，放在冰箱保鲜室内，温度控制在0～5℃储藏，果树开花前取出，进果园释放。

用芦管作蜂巢需要年年购买，生产成本高，纸筒需要大量的油光纸，而且卷纸筒费时费工，存放时并容易造成挤压，且芦管与纸筒容易遭受鸟害和蜂螨危害。为方便果农，科研人员经过生产实践研制出了一种方便实用的新一代壁蜂巢，该蜂巢用塑料板制成，可自由组合，不用建蜂巢，一次购买多年使用，降低了生产成本，并能预防鸟和蜂螨对壁蜂造成危害，生产上可大面积推广使用。

第二节 疏花疏果，合理负载

一、疏花疏果的重要性

疏花疏果，调整产量，是解决大小年，保证果园连年优质丰产

稳产的基本措施。生产者对花果的偏爱常导致丰年不增收，树势不稳定，连年效益低的弊端，因此，生产者必须要清醒地认识到疏花疏果的目的最终是为了保花保果。

二、疏花疏果的方法及留果量的确定

疏花于花序分离期开始，至盛花期结束。疏果自落花后开始，一个月内结束。疏花疏果的方法很多，包括梢果比法、叶果比法、以花定果法及间距疏果法等。

1. 梢果比法　即根据新梢数量留果，一般每6～8个新梢留1个果。

2. 叶果比法　即每40～50片叶留1个果。

3. 以花定果法　即在花序分离期，根据树势强弱、品种特性，按20～25厘米的间距留1个花序，余者全部疏除。保留的花序将边花全部疏除，只留中心花。

4. 间距疏果法　这是生产上最常用、最易操作的方法，即按照一定的间距进行留果，通常红富士等大型果按20～25厘米留1个果，嘎拉等中型果按15～20厘米留1个果。生产调查得知，有经验的果农对自己果园能够负载多少产量是了解的，因此，按照他们对果园的预期产量来确定留果量，易为果农接受。

三、疏花疏果应注意的问题

1. 晚疏不如早疏　花果管理上提倡“疏果不如疏花，疏花不如疏芽”。花果量多时，先疏除部分花芽和花，可节省大量养分，使养分集中供应，更利保花保果。疏芽就是花前复剪，待能分辨花芽时，缩剪弱串花枝，疏除弱花枝，掰除弱花芽。疏花，即花序分离时，对过密花序保留莲状叶，疏除花蕾。疏果不宜太晚，否则幼果消耗大量养分，影响当年花芽分化。

2. 留果要有余地　在花期天气不良条件下，疏花疏果宜留15%～20%的保险系数。定果时应仔细挑选，去除病虫果、密生果、小果、畸形果等，选留果柄粗长、果形端正、表面洁净、无缺陷的中心果，使树上留定的果子能够长成理想状态。通常年份选留中心果，霜冻年份根据果实长势也可选留边果。

3. 要依据树势、枝势及枝类状况 树势、枝势强的多留果，树势、枝势弱的少留果。

另外，留果量的把握也需根据土壤肥力的情况来确定，富士苹果的产量潜力较大，土壤供肥能力强，树势健壮，可以适当多负载，这需要生产者根据自己果园的实际情况灵活掌握。

第三节 果实套袋

一、纸袋的种类

用于苹果套袋的纸袋种类很多，从大的方面来讲，包括纸袋和塑膜袋。纸袋包括双层纸袋和单层纸袋。双层纸袋包括内黑双层纸袋、内红双层纸袋和纸塑复合袋等。生产上应用最多的是内黑双层纸袋和内红双层纸袋。

二、纸袋的选择

不同纸袋所套出的果实外观质量差异很大。由于到目前为止，国家对水果用袋尚没有出台相应的行业规范和产品标准，因此制袋企业在加工果袋的过程中无标准可循，所生产的果袋五花八门。而果农在购买、使用果袋生产苹果的过程中就要承担很大的质量风险，生产中常有因纸袋质量问题而给生产者造成重大损失的情况发生。现将生产应用中总结的辨别纸袋优劣的方法介绍一下，供参考。

1. 看通气孔通不通 把纸袋撑开，看下边通气孔是否畅通，通则好，不通则不好。

2. 看透气性好不好 把外袋撕开成单层，封住盛热水的杯口，纸上面能冒出气的为好。

3. 看吸水性强弱 将纸袋平放桌面，在上面倒一点白酒，看吸水的快慢，慢则好，快则不好。

4. 看遮光性好不好 纸袋撑开，透过单层纸看遮光情况，遮

光好的是好袋。

5. 看纸袋的韧性　将纸袋浸在水盆里湿透，用手搓几下，不易破碎的为好。

6. 看纸袋是草浆纸还是木浆纸　木浆纸的好。把纸袋用火点着，待着完后，纸灰上火星乱跑的为草纸。木浆纸着完后无火星，并且纸灰仍是纸袋型，用手捏着一角可把袋子提起来。

从生产经验来看，内红双层蜡袋摘袋后果面洁净，底色嫩白，上色后优质果率通常高于内黑双层袋。

三、套袋时间

根据自己园片开花早晚而定，多年的生产实践表明，适宜的套袋时间应为落花后 30～40 天。套袋过早，苹果第一膨大期尚未结束，抑制苹果细胞分裂，影响果实发育，易发生日烧，但表光优于晚套袋。套袋过晚，则会影响苹果表面光洁度。

四、套袋方法

1. 套袋前将整捆果袋袋口朝下倒竖放在潮湿处，使袋口潮湿、柔软，这样易于操作。

2. 套袋时，左手拿住果袋，右手撑开袋口，使纸袋呈完全膨胀状态，底部两通气孔开放。

3. 将纸袋套在幼果上，袋口向下，使果子居于袋的中央，不要贴近纸壁，将袋口封紧。目前套袋多袋口向上，而且袋口封扎不紧，这是造成梗锈多，果面不洁净的一个重要因素。

4. 套袋操作应按先树上、后树下，先内膛、后外围的顺序进行，以免碰掉已套好的果袋。

第四节　苹果摘袋及摘袋后的管理技术

一、摘袋时期及方法

（一）摘袋时期　适宜的摘袋时期依据品种而定，早中熟品种为适宜采收前的10～15天，晚熟品种为适宜采收前的15～30天。摘袋时期不合适往往影响到果实的着色，摘袋过早，果实糖分积累少，摘袋后果实容易返绿，上色慢。条纹色晚熟富士和中早熟的嘎拉及红将军等，摘袋过晚，果实在袋内已达到生理成熟，果实在袋内发黄，摘袋后果实不易上色。根据生产经验，具体摘袋时期可参考以下指标。

1. 正常生长条件下，不套袋果开始上色。

2. 观察果实颜色。果实摘袋前经常检查，发现果实发黄应立即摘袋。

3. 观察果实种子颜色。如果果实种子颜色发白，说明果实没有达到成熟期，不能摘袋，摘袋时果实种子应变为褐色。

4. 注意天气。连续高温，昼夜温差低于10℃，则不宜摘袋，否则摘袋后不易着色。

（二）摘袋方法 内红双层纸袋须分两次摘袋，先摘除外袋，3～5天后再摘除内袋。内黑双层纸袋，最好也分两次摘袋，先将袋底撕开放风，2～3天后再一次性摘除。摘袋时应密切注意天气预报，如转北风气温下降有早霜冻，应适当推迟摘袋。一天中摘袋时间宜在早晨露水干了以后，傍晚气温急降之前。生产中发现摘袋后果实产生日灼现象通常并不在于中午温度有多高，关键在于前天和翌天温差有多大。

二、摘袋后的管理技术

（一）摘叶 单层袋和内黑双层袋摘袋后3～5天，内红双层袋摘除内袋后3～5天应进行摘叶，至果实采收期内要摘2～3次，第一次先摘除果实周围的“豆叶”，一周后再摘除果实周围影响果实光照的叶片，以后视情况可再进行一次。摘叶量因品种不同有所差异，中早熟品种摘叶量要轻，一般摘除全树总叶量的5%，晚熟品种因摘叶时已进入10月上旬，叶片基本失去其功能，重摘叶不会影响树体贮藏营养的积累和花芽的分化充实，一般可摘除全树叶量的20%～30%。

（二）转果、垫果　所谓转果就是将果实的背阴面转到阳面，使果实着色均匀。第一次开始转果的适宜时期为果实着色面积达到60%时，以后视情况进行。摘袋后的一部分苹果，要将果面靠近的枝干部位黏上胶垫，防止刮风造成果面磨伤。

（三）地面铺设反光膜　地面铺设反光膜，提高了树冠中下层和内膛的光照强度，可促进果树内膛果实尤其是果实萼洼处不易着色的部位充分着色，提高全红果率。反光膜在生产中已经得到广泛应用。

第五节　果实采收

一、适宜采收期的确定

果实的正常成熟期，通常应根据几个指标来确定。

1. 根据果实生长日数　每个品种的果实，从盛花期至成熟的发育天数，同一地区，相同栽培条件下，基本一致。在富士系苹果中，早熟富士和红将军等品种，发育期为150～155天，普通富士则为170～180天。

2. 根据果实硬度　快成熟的果实，果肉变软，硬度下降。富士苹果采收硬度指标是，短期贮藏为5.9～6.8千克/厘米^2，长期贮藏为6.4～7.3千克/厘米^2。

3. 根据可溶性固形物含量　近成熟时，果实可溶性固形物含量提高。红富士可溶性固形物含量达到14%以上即可采收。

4. 根据种子颜色　苹果成熟时，种子呈深褐色，以此可作为采收标志。

二、分期采收

在适采期内，同一株树上的果实，因其着生部位、果枝年龄、果枝粗细、类型、果数多少等不同，其成熟度也不尽相同。如分批分期采收，则不但可使采下的果实都处于相近的成熟度，而且还能提高产量、质量和商品果的均一性。通常分2～3批完成采收任务：

第一批是树冠上部、外围的果，要先采着色好、果个大的果实；5～7天后，同样选着色好果个大的果实进行采收；再过5～7天，将树上所剩的果实全部采下。一般前两批果要占全树果实的70%～80%，最后一批果占全树果实的20%～30%。采收前两批果时，宜小心谨慎，尽可能不要碰落需留下的果实。

三、果品贮藏

（一）简易贮藏 选择地势平坦、开阔、背风向阳，土质坚实，地下水位较低的地方，挖贮藏沟。沟深50厘米，下底宽1.2～1.5米，挖出地沟的土在沟沿四周培成高30厘米的土埂，地沟的长度可根据地形和苹果的数量而定。做好的地沟下窄上宽，其横断面为一梯形。沟底要整平，并铺上5～6厘米的干净细沙。这样的地沟每平方米可贮放苹果250～300千克。地沟准备好以后，在贮放苹果前，要向沟底细沙上泼水，保持沟中有一定的湿度，秋季干旱时要尤其注意多泼点水，以减少果实贮藏期间的水分消耗。苹果入沟贮藏时，应从沟的一端开始，一层层、一段段地摆放，果实厚度一般控制在60厘米左右。摆放果实过程中，要每隔2～3米在果堆中央竖立一个用玉米秸扎成的直径为10厘米的草把，草把的高度可略高于果堆顶部，用以果堆内的气体交换。苹果入沟结束后，将覆盖物直接盖在果堆上面。应注意的是，不能选择塑料薄膜作为覆盖物。这样存放的苹果鲜艳、失水少，基本上保持了采收时的状态。

（二）冷藏库贮藏 利用制冷剂在从液态变为气态吸热和从气态变为液态而放热的互变过程中，不断地将冷藏库内的热传递到库外，使果温随库温下降而降低，并维持在所需的适宜贮藏的温度之中，达到贮藏保鲜的效果。

（三）气调库贮藏 在冷藏的基础上，把果实放在能调节气体成分的密闭库房内的贮藏方法。气调贮藏保鲜效果更好，保鲜时间更长，可达到周年供应。贮藏损失少，损耗低。气调方法不用任何化学药物，无污染，进一步保证了果品的安全性。

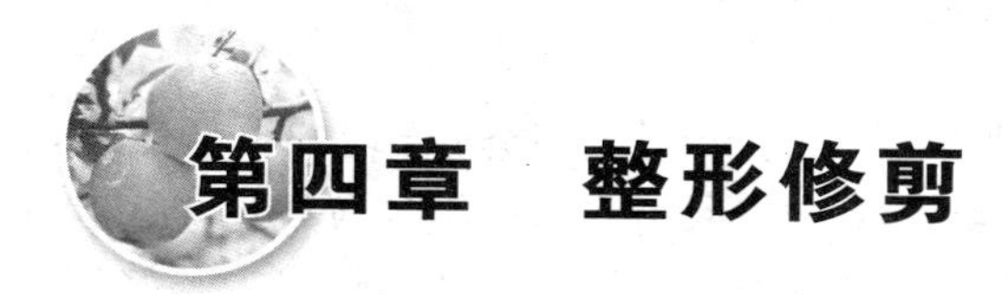

第四章　整形修剪

第一节　苹果整形修剪的意义和作用

一、整形修剪的意义

整形是通过修剪将树整成一定的形状，使骨干枝、枝组布局合理，有效地占领空间，构成符合生理条件的树体结构，主要解决骨干枝与结果枝组结构问题；修剪是在整形的基础上，调节生长和结果的相对平衡，维持树体的健壮生长，促进结果。整形和修剪互为依存，相辅相成，整形依靠修剪达到目的，而修剪也只能在整形的基础上才能充分发挥作用。

合理的整形修剪，能使枝条分布均匀合理，主从关系明显，骨架牢固，充分利用光能，合理制造、分配、累积养分，调节生长和结果的平衡，达到年年结果，优质高产的目的。苹果树如果不进行修剪，任其自然生长，常导致树形紊乱、树冠郁闭、树势不稳、病虫滋生、大小年现象严重、品质下降等。

整形修剪是果树栽培中一项重要的技术，它只有在良好的环境和肥水条件下，才能发挥良好的作用。若脱离肥水管理，片面强调修剪的作用，不会达到预期的目的。

二、整形修剪的作用

（一）合理安排骨架，迅速扩大树冠　合理的整形修剪，可减少修剪量，合理安排骨干枝，迅速扩大树冠，增加枝叶量，提高枝质、芽质、叶质，及早进入盛果期。

（二）调节生长与结果的关系　生长和结果是果树生命周期中

的一对矛盾，平衡是暂时的，不平衡是长期的，生长可以向结果方面转化，结果可以向生长方面转化，所以每年的修剪都是在保持生长与结果的相对平衡。

（三）改善通风透光条件 通过合理的整形修剪，可使树体有一个良好的结构，充分利用空间，做到枝枝见光，叶叶见光，增加有效光合面积，提高光合产量，保证多结果，结好果。

（四）调节营养和水分的分配 修剪可增加养分的积累，也可以改变营养、水分的运输方向和分配数量。树的先端、优势部位、活跃部分及强壮的枝芽，优先得到营养和水分，并且得到的数量也多，因此，可以通过修剪措施来改变营养和水分的运输与分配，以维持树体各部分的平衡生长。

第二节 整形修剪的时期和基本方法

一、整形修剪时期

整形修剪按修剪时间分为冬季修剪（休眠季节修剪）和夏季修剪（生长季节修剪）。

（一）冬季修剪 是指苹果落叶以后到翌年果树发芽前的修剪，也称休眠季修剪。冬季修剪造成的剪锯口较多，严冬易遭受冻害，加重腐烂病的发生，最好在春季果树萌芽前进行。

（二）夏季修剪 是指从果树发芽到落叶前进行的修剪，也称生长季修剪。

二、修剪的方法与作用

（一）冬季修剪的方法与作用 冬季修剪的基本方法有以下4种：疏枝、甩放、短截、回缩。

1. 疏枝 将枝条从基部去掉叫做疏枝。疏枝对伤口以下枝条有促进生长的作用，对伤口以上枝条有削弱生长作用，同时疏枝有利于通风透光，中、短枝较多，营养水平高，枝质芽质好，对果品产量、质量的提高都有明显的作用。

2. 甩放　对当年生枝条不行剪截，缓放不动称为甩放。甩放有利于缓和树势，促发中、短果枝以及叶丛枝，以提早成花结果。

3. 短截　指剪去一年生枝条的一部分。短截有促进新梢生长势，提高成枝力和萌芽率的作用。按短截程度不同，可分为轻、中、重、极重短截4种。一般来说，短截不利于花芽的形成。短截越重、短截数量越多，越不利于花芽的形成。

4. 回缩　对多年生枝的短截叫回缩。回缩对剪口以下1～3个枝有较明显的促进生长的作用。回缩对树冠外围、背上枝组反应明显，对两侧、背下和冠内枝组反应不明显。在光照不良的冠内，对枝组中、重回缩，会引起衰弱和死亡现象。

（二）夏季修剪的方法及作用　夏季修剪的作用，主要是弥补冬季修剪的不足，利用生长季树体营养及内源激素的合成、疏导、积累与消耗的规律来调整生长与结果的关系。其方法主要有刻芽、花前复剪、拉枝、抹芽、摘心、扭梢、环剥、环切、疏梢、拿枝、撑枝、吊枝等，是冬季修剪后，整形修剪中的一个重要组成部分。

1. 刻芽　刻芽多在幼树、旺树和旺枝上进行。时间依据刻芽目的而定。以抽生长枝为目的的，刻芽时间应早些，一般掌握在发芽前的1～2周进行，刻芽部位应在计划抽生长枝的部位进行。以促发短枝为目的的，刻芽时间应晚些，一般掌握在4月10日以后进行，刻芽数量尽量多些，也可利用生长调节剂涂抹枝条促萌，效果很好。

2. 花前复剪　其作用为调整花枝比例，疏花壮树，减少过多枝量提高坐果率。从芽开绽到开花前，为期约半个月，对花量多的树，要参照因树定产、按枝定量的原则，保留适当的花量，过多的花芽应尽可能去掉，不适于剪的可待疏果时进一步调整。对于腋花芽枝，按枝条强度，弱枝可适当地在叶芽处短截，强枝不截，待花序分离期疏花序。对于串花枝一般按枝条强度留花芽，强枝多留，弱枝少留或不留。以减少贮藏养分的消耗，健壮树势，提高坐果率，增大果个。对于中、长果枝，在短果枝够用的情况下，可在花序分离期去掉花序。

3. 拉枝 时间以春季4月中下旬至5月中下旬为宜，此时树液流动，枝软易拉。拉枝主要是通过开张枝条角度，削弱顶端优势，缓和枝势，促进成花，控制树冠。拉枝时应注意开张枝条基角，避免拉成背弓形，导致背上冒条，内强外弱。

4. 摘心和扭梢 摘心和扭梢虽可促进成花，但费时费力，花芽质量差，而且可促使当年叶芽早熟萌发，延长蚜虫为害期，故一般不被利用，但是在幼树整形期间，为提早成花结果，可适当加以运用。盛果期树最好不用。

5. 拿枝 用手在新梢基部处握住，将枝条向下弯压，直到先端。弯压火候，以枝内有清脆响声，且没折断为宜。拿枝后使枝、梢弯成水平或90°以下。削弱顶端优势，控制旺长，充实枝条，解决冠内光照。一年之中，可多次对同一枝条进行拿枝，以保证拿枝效果。

6. 环剥和环切 环剥和环切可有效阻止上部有机养分下运，促使剥口以上各部位养分积累形成花芽，提高坐果，促进果实生长、着色等，但是环剥和环切大大削弱了树势，造成大量根系死亡，吸收养分能力差，果形变扁，苦痘病、黑点病、红点病偏重发生，果实表光差等，降低了果实的商品价值。因此，除幼、旺树外，盛果期大树不提倡环剥、环切，尤其是弱树，绝对禁止环剥。

7. 撑枝 由于大量结果，导致主枝，尤其是二层主枝角度过大，造成冠内郁闭，风光条件恶化，影响果品的产量和质量。同时，容易造成背上冒条，或主枝背上树皮日灼，引起枝干病害加重，削弱树势。而撑枝，抬高了主枝的角度，抑制了背上优势，增强了顶端优势，改善了风光条件，促进了背下枝组的生长，减轻了枝干树皮的日灼，增强了树势，从而提高了果品的产量和质量。撑枝可在套袋以后进行。

8. 疏梢 即将新梢从基部去掉。整个生长季都可进行，但是大量的疏梢严重破坏了地上部与地下部的生长平衡，在秋梢停止生长以前，大量疏梢往往造成隐芽的再次萌发，成为无效枝。所以，8月底9月上旬以前尽量不要疏梢。因为8月底之前果树的生长中

心为营养生长，如果疏枝过重，必将造成已停长的短枝二次生长，树势难以稳定，不利于花芽的形成；再有，对于延长头所发出的竞争枝夏季修剪时不要进行清头，留待休眠季节修剪时再进行清理，因为疏枝的作用是抑前促后，过早的清头也易造成后部停长的短枝二次萌发，影响到花芽的形成。疏梢，最好是在果实摘袋前进行。对于内膛的徒长枝、主枝中前部的过密的新梢有选择性地清除，其余发育较好的新梢留作培育新的结果枝组。

夏季修剪时需要注意的问题：夏季修剪只能是在幼、旺树及不结果的旺枝上进行，而且每一项措施都要掌握正确的时间和方法。否则，达不到理想的效果。夏季修剪只是冬季修剪的辅助部分，不能以夏季修剪为主，而应以冬季修剪为主，不能本末倒置。

第三节 与整形修剪有关的生物学特性

一、芽和枝

（一）芽的种类和特性

1. 按着生位置分 分为顶芽和腋芽。顶芽萌发力最强，生长势最旺，向下依次减弱，或不能萌发生长变为隐芽。芽的萌发、抽枝与顶端有势、位置、品种、芽质等有关。也与修剪措施的正确使用有关，如刻芽、枝条角度的开张等。

2. 按性质分 分为花芽和叶芽，花芽按位置分为顶花芽和腋花芽。苹果以顶花芽结果为主，且以中、短果枝结果为主，腋花芽质量较差，在生产中一般不被利用。

3. 按发育程度分 分为饱满芽和秕芽。饱满芽多在枝条的中上部和枝的顶端，秕芽多在春梢、秋梢的基部。饱满芽萌发力、成枝力均强。秕芽不萌发称为隐芽。当枝条被极重短截时，才可萌发，且萌芽较晚，生长势也较弱。

（二）枝的种类和特性 枝条分为发育枝和结果枝。

1. 发育枝 只有叶芽的枝条叫发育枝，也叫营养枝。由于停长时间不同，又有长、中、短之分。

（1）长枝　指长度在50厘米以上，具有秋梢的枝。长枝停止生长晚，建造时间长，消耗大，但制造养分的强度也大，有利于长树，不利于花芽的形成。过于粗长、幼嫩的长枝叫徒长枝。徒长枝是由隐芽发生的，直立强旺、节长芽秕、组织不充实，一般不被利用。

（2）中枝　长度在5～50厘米，其枝条长势、停长时间、养分制造与分配情况介于长枝、短枝之间。中枝甩放是培养结果枝组的主要枝类。

（3）短枝　长度在5厘米以下、具有饱满芽、无明显侧芽的小枝。短枝停止生长早，营养积累时间长，有利于花芽形成。

2. 结果枝　着生花芽的枝条。根据长度不同，分为短果枝、中果枝、长果枝。

（1）短果枝　短果枝长度在5厘米以下，节间较短，顶芽为花芽；

（2）中果枝　长度为5～15厘米，节间较短，枝条较粗壮，顶芽为花芽；

（3）长果枝　长度在15厘米以上的果枝，顶芽为花芽。长果枝与发育枝不易区分，可根据顶芽的饱满程度来判断。

（三）结果枝组　结果枝组是着生在各级骨干枝上，具有两个或两个以上分枝的结果枝群。

1. 按其分枝的多少　可分为大、中、小3种类型。

（1）小型枝组　具有2～4个分枝，结果早，但很易变弱，不利于更新复壮。

（2）中型枝组　具有5～11个分枝，有效结果枝多，寿命长，易于更新和维护。

（3）大型枝组　具有12个以上的分枝，生长势强，枝量多，寿命长，组内交替结果能力强。

2. 按其培养方法　分为单轴长辫子枝组和分枝紧凑型枝组

（1）单轴长辫子枝组　中、长枝连续甩放同时疏去其上长枝形成的结果枝组。这种枝组生长缓和，中、短果枝多，结果早、多、质量好。但结果部位外移快，结果年限短，衰弱快，必须及时更新，

才能达到连年丰产的目的。这种枝组在生产中应大力推广使用。

（2）分枝紧凑型枝组　一般是用截放法或放缩法，以后用截、放、缩 3 种修剪法培养而成。这种枝组枝轴短，分枝紧凑，寿命长，但修剪重，结果晚，产量低，且枝量大而密集，现代修剪不再推广使用。但是这种枝组可以培养转化为单轴长辫子枝组。

二、与整形修剪有关的特性

（一）萌芽力和成枝力

1. 萌芽力　是指枝条上的芽萌发成枝的能力。萌芽数多的称萌发力强，反之，则弱。充分成熟、枝质芽质好的枝条萌芽力高，短截、回缩发生的枝条较甩放发生枝萌芽力明显低。枝条开张角度或枝条连环刻芽可大大提高枝条的萌芽力。

2. 成枝力　是指一个枝条上的芽萌发抽成长枝的能力。富士系品种萌芽力和成枝力均高，故修剪时多以疏枝、甩放的手法为主，以促发中短枝，利于成花结果

（二）芽的异质性　枝条在发育过程中，由于受内部营养状况和外部环境条件的影响，同一枝条上不同时期、不同部位形成的芽，在质量上有很大差异，这种质量差异叫芽的异质性。长枝春梢、秋梢中上部的芽多为饱满芽，中下部为半饱满芽，再向下近枝基部为秕芽，近鳞痕处以上为只有叶而无芽的盲节。在整形修剪上，常利用芽的异质性，促进剪口枝的生长或削弱其生长。

（三）树冠的层性　枝条在顶端优势和芽的异质性的共同作用下，使一年生枝条的萌芽力和成枝力自上而下减小，年年如此，导致主枝在中心干上的分布或二级侧枝在主枝上的分布形成明显的层次，这种现象称为树冠的层性。成枝力弱的品种层性明显，成枝力强的品种层性不明显。

（四）干性　指中心干的强弱。一般层性明显的品种干性较强，如嘎拉、红露。

（五）顶端优势和背上优势

1. 顶端优势　顶端优势是指活跃的顶端分生组织或茎尖常常

抑制其下侧芽的发育。也就是在枝条上部的芽能萌发抽生强枝，其下生长势逐渐减弱，最下部的芽甚至不萌发，处于休眠状态。枝条角度越直立，顶端优势越强，反之则弱。同一品种枝条前端留枝越多，顶端优势就越强。前端留枝越少、后部留枝越多越大，顶端优势越弱。

2. 背上优势 在同一枝的位置上，背上的枝、芽较两侧的生长旺，而两侧的枝、芽又较背下的生长旺，这种现象叫做背上优势。一个骨干枝，髓部偏于背上，即背上枝距髓部最近，背下距离最远，背上斜生枝较近，两侧枝距离居中。枝条着生部距髓部距离与枝条生长势呈负相关，即距离越近的背上枝、芽生长越旺，距髓部越远的背下枝、芽生长越弱，背上斜生枝、芽略旺，背下斜生、枝、芽略弱，两侧枝芽生长中庸。

由于背上优势的作用，背上枝组难以培养，背下枝组培养容易，但寿命很短。

背上优势的强弱决定于枝的角度、两侧及背上斜生枝组的多少和大小及骨干枝前端留枝量、骨干枝的分枝级次等因素。外围枝多、留头多，两侧分枝级次高、分枝量多，背上优势就弱，反之，则强。

3. 背上优势和顶端优势的转换 顶端优势强，常表现为外强内弱现象。这种现象往往造成外围强旺不成花，内膛枝弱不结果。背上强旺往往引起延长枝、两侧枝及背下枝枝量减少，枝势变弱，严重影响结果。

背上优势和顶端优势两者之间可以相互转化。修剪上常常用背上优势抑制顶端优势，也利用顶端优势抑制背上优势。

4. 控制顶端优势的几种主要方法

（1）开张枝的垂直角度。

（2）外围长枝多，采用疏、甩相结合的修剪手法。

（3）疏除外围背上、两侧或背后旺大直立枝组和旺长枝。

（4）增加两侧枝的分枝量。

（5）冠内多留枝，多甩放弱长枝。

（6）背上多留斜生枝组。

5. 抑制背上优势的几种主要方法

（1）抬高主、侧枝的垂直角度，增强顶端优势，削弱背上优势。

（2）外围适当多留枝，采用疏甩法修剪。

（3）两侧多留枝，多甩少截或不截。

（4）增加两侧枝的分枝量。

（5）将直立枝组改为斜生枝组，以强枝甩放带头。

（六）生长势　生长势指新梢生长的强弱，常用长、中、短枝的比例表示。长枝多，表明树势旺；短弱枝多，说明树势、枝势弱；长、中、短枝比例适中且结果良好，示为树势、枝势中庸。修剪的重要任务之一，是使旺树、弱树转化为中庸树势。保持多年的中庸树势是很重要的。不同树龄对树势要求不同。幼树整形期，树势应稍强，结果初期的树要求中庸偏强，盛果期的树以中庸健壮为好。看树势修剪是很重要的，幼旺树以缓势修剪为主，原则是疏、甩为主，不截不缩；弱树以促树势修剪为主，去弱留壮，适当截、缩；中庸树疏、截、甩三结合修剪。

（七）尖削度　指骨干枝长度与基部粗度的比值，也叫长粗比。其公式为长粗比＝骨干枝长度/骨干枝基部粗度。骨干枝长度即从骨干枝基部到二年生枝顶端。骨干枝粗度指骨干枝基部周长。骨干枝的长粗比，是衡量果树结果早晚、多少、骨架牢固程度及其上枝组、枝条长势的标准。长粗比大，树势、枝势稳定，中短枝多，结果早，产量高，但骨架不牢固。反之，长粗比小，骨架粗短，但生长势旺，形成花芽晚，结果也晚，产量低。在整形修剪中，常提高或减少骨干枝、枝组的长粗比，以达到缓势、促势的目的。幼树、旺树、旺枝长粗比过小，应连续甩放，提高枝的长粗比。若骨干枝弱、枝组弱，应根据情况适当回缩，减少枝的长粗比，增强枝的生长势。

（八）干周比　指枝或枝组基部的周长与其着生位置的骨干枝粗度的比值，一般不要超过1/3。干周比过大，树形紊乱，主从关系不明显；反之，树势不稳，容易冒条。在整形修剪中，一般以疏除骨干枝上的强旺枝组保证骨干枝的生长势，同时削弱选留在骨干枝上的细长枝，促发中短枝，利于成花结果。

（九）修剪的赶前现象 一个枝或一个骨干枝，若对基部枝或枝组进行疏、截、缩的重度修剪时，该枝或枝组对修剪反应很迟钝，甚至死亡，而骨干枝顶端枝的生长势、生长量明显增大，内膛枝死亡，造成结果部位外移，这种现象叫“赶前现象”。这种现象在修剪时应引起重视，否则易造成树体的外强内弱。

第四节 整形修剪技术

一、生产中常用树形

（一）小冠疏层形 树体结构特点：干高70厘米左右，树高3～3.5米，全树5个主枝，一层3个，二层2个。层间距80厘米左右，第一层主枝，每主枝留2个侧枝，第一侧枝距树干40厘米左右，第二侧枝对生，距第一侧枝30厘米左右，一、二侧枝以上直接着生大、中、小型结果枝组。二层主枝无明显侧枝，直接着生结果枝组。第一层主枝角度70°～80°，二层主枝50°～60°，保证较大的叶幕间距，以利通风透光，立体结果。

（二）三主枝六侧枝自然开心形 树体结构特点：干高100厘米，无中干，空间大，光照好，是以质量为主的树形。主枝3个，每个主枝分布两个侧枝，主枝角度70°，侧枝近于水平。第一侧枝距干30～40厘米，第二侧枝对生，距第一侧枝40厘米左右。主枝、侧枝、背上、两侧和背下，均匀分布结果枝组。

（三）自然十字开心形 该树形是以质量为主的一种树形。全树共4个主枝，上下主枝粗度大致相同。主干高80～100厘米，第一、二主枝对生，第三、四主枝与第一、二主枝垂直对生，各主枝间距40厘米左右。主枝无侧枝，直接着生结果枝组。主枝角度80°左右。这种树形主枝少，又无侧枝，故枝组较大，在主枝上呈放射状紧密排列，即背上直立、斜生、水平、背下着生。枝组间距较小。

（四）自由纺锤形 树形结果特点：干高70厘米左右，树高3米左右，中干直立。全树20～30个结果枝组，自由着生于中干之

上，向四周均匀分布。枝组排列不分层或层性不明显。结果枝组单轴延伸，垂直角度 90°～120°。这种树形结构简单，分枝级次低，顺其自然，修剪轻，长树快，结果早。修剪简单。

二、不同年龄时期的修剪特点

（一）幼树及初果期树修剪

1. 当前幼树修剪上存在的问题

（1）定干过矮　这是当前生产上普遍存在的问题，苗木定植后定干高度一般不足 80 厘米，树形仍采用低干矮冠的修剪方式，树势难以控制，成花晚，早果性差，极易出现郁闭现象。

（2）留枝过早　定植当年冬季修剪时就选留主枝，造成主枝与中干的枝粗比过小，主枝生长过旺，开始结果年限推迟。

（3）选留主枝不当　许多果树选留的主枝多为轮生枝，出现"掐脖"现象，中心干生长势力过弱，主枝生长势力过强，形成下强上弱现象，成龄后郁闭严重。

（4）留枝过少　由于过分的强调树形，许多果树自幼树定植当年冬剪开始仅选留主枝，其余枝条全部疏除，不留辅养枝，导致主枝生长势力过强，不利于早结果。

2. 幼树修剪的几个观点

（1）新植幼树应以提高成活率和萌芽率为重点，在此基础上加大肥水管理，增强长势。提高幼树萌芽率的目的是为第二年增加枝量做准备，萌芽率高第二年抽生的枝条就多，而且中干生长势也较强，有利于树形的培养。

（2）主枝选留过早不利于早结果和前期产量的提高。留枝过早往往造成所选留主枝生长势过强，花芽难以形成，开始结果年限推迟。即使通过采取一系列促花措施使之早成花，但成花数量也不足，前期产量低，不能较早地形成经济产量。

（3）任何树形都是变化而来的。当前生产上采用的主要树形有纺锤形、小冠形、改良纺锤形等。树形培养不能操之过急，要逐年培养，幼树期除选留主枝外应尽量多保留辅养枝，随着树龄的增长，逐渐向目标树形发展，一般10年左右达到目标树形。

(4) 要想使幼树早结果需做到以下几点

控制主枝生长势。强枝不成花，旺树不结果。控制主枝长势最好的方法是加大中干与主枝的粗度比，中心干生长势力越强，主枝生长势力则越容易缓和，枝势越易控制，也越有利于成花结果。

轻剪长放多留枝。幼龄果树树势偏旺，如果此期修剪过重，势必引起新梢旺长，停止生长晚，营养积累少，不利于成花结果。所以，此期修剪应以缓势修剪为主，除疏除过密枝条外，其余枝条全部缓放不动。并结合夏季修剪，缓势成花早结果。

加强肥水管理，增施有机肥，控制复合肥，补充中微肥，保证枝条发育健壮，提高枝条的萌芽率，促发中短枝，以利成花结果。

3. 幼树修剪技术

(1) 定干　定干高度：根据苗木高度而定，尽量保留所有饱满芽定干。具体定干高度可参照以下指标进行，苗木高度1.5米的，定干高度可达到1.2米左右，苗木高度1.8米的，定干高度可达到1.4米，苗木高度2米以上的，定干高度可达到1.6米以上。

定干时应保证剪口下第一芽朝向南面或西南面，同时用愈合剂涂抹剪口，保证第一芽的健壮生长。

定干后刻芽：定干后要对苗木进行刻芽，具体方法是从剪口下第六个芽开始，每3个芽刻1个，直到离地面70厘米。注意上部轻刻，向下依次加重。也可采用6-BA复合激素涂抹，对于提高萌芽率效果十分明显。

(2) 定植后当年休眠季节修剪（即定植后第二年春季萌芽前修剪）　无论采用哪种树形，定植当年冬季修剪时都不要选留主枝，当年发出的枝条，距地面70厘米以内的枝全部疏除，上部枝条全部极重短截，剪口向上，呈马蹄形，且不要保留芽眼（图4-1）。中心枝剪留长度根据长势而定，一般保留2/3进行剪截，或在饱满芽处剪截。

极重短截注意事项：

①极重短截时不要留芽，基部不保留明显的芽眼。如果留有明显

的芽眼，第二年一般能抽生 2～3 个强旺枝，不利于枝条势力的缓和。

②极重短截剪口呈马蹄状，剪口过平为疏枝（图 4-2），不易抽生枝条，剪口呈上长下短，抽生的枝条多为直立枝。

图 4-1　正确的剪口

图 4-2　剪口过平

③极重短截要彻底，无论什么样的枝条均不能保留，否则易造成生长过旺，影响到中干和其他枝的生长。

④乔化砧树可连续极重短截两年，以加大中干与主枝的粗度比。第四年再进行留枝促花，第五年结果。

图 4-3 至图 4-6 为修剪前后及修剪反应。

（3）定植后的第二年休眠季节修剪（即定植后第三年春季萌芽前修剪）　定植后的第二年，中心枝以及中心干上抽生的枝条，对主枝与中干枝粗比大于 1/3 的枝进行极重短截，疏除过密枝和重叠枝，其余枝条尽量保留，不要过分强调枝间距。如果选留的主枝达不到 10 个以上，要对主干上抽生的枝条全部进行极重短截，重新发枝，第四年再选留主枝。多留枝有利于辅养中心干，增强中心干的长势，并能分散枝条势力，加大中心干与主枝的粗度比。中心枝

修剪前

修剪后

图 4-3　矮化中间砧树修剪前后

修剪前

修剪后

图 4-4　乔化砧树修剪前后

图 4-5 极重短截基部留芽生长状

图 4-6 极重短截细弱枝保留生长状

仍保留 2/3 进行剪截。保留的枝条春季进行刻芽，夏季可在主枝上环切，以促进花芽形成。

（4）定植后第三年休眠季节修剪（即定植后第四年春季萌芽前修剪） 定植第三年保留的枝条已有部分形成了花芽，休眠季节修剪时，除生长势过旺、枝粗比太大的主枝疏除外，其余枝条保留其结果。中心枝仍保留 2/3 进行剪截（图 4-7）。

修剪前

修剪后

图 4-7 定植后第三年春季果树萌芽前修剪前后

（5）定植后第四年休眠季节修剪（即定植后第五年至春季萌芽

前修剪） 定植后第四年果树基本进入初果期，纺锤形树形按照定植后第三年休眠季节修剪方法进行修剪。小冠疏层形树形应注意重点培养第一层和第二层主枝，选留骨架牢固的枝作为主枝进行培养，同时注意培养结果枝组。但无论采用哪种树形，都要做到边结果边整形。定植第四年乔砧树树高达到 3.5 米以上、矮砧树树高达到 3 米以上的树不要再对中心枝进行剪截，达不到要求高度的树中心枝仍保留 2/3 进行剪截。

（6）定植后第五年以后休眠季节修剪（即定植后第六年以后春季萌芽前修剪） 定植后第四年已经开始结果，自第五年开始产量每年提高，修剪上要注意结果与整形相结合，乔砧树要注意结果枝组的培养。修剪时疏除低于 70 厘米的主枝和过密枝，逐年调整主枝间的间距，边结果边整形，直到第十年达到目标树形。

4. 幼树的夏季修剪 规模种植的果园，为减少劳动力投入，定植后第一年和第二年中干上萌发的枝条，除竞争枝外其他枝条不做任何处理，让其自然生长，竞争枝于 7 月中下旬保留 2 个芽进行重短截，以促进中心枝的生长。

5. 幼树促花措施 幼树定植后第三年除个别枝量较少的树外，其他树一般都应选留主枝，并对其进行促花，以达到定植后第四年结果的目的。

（1）刻芽 刻芽有两种方法，一是人工刻芽，二是应用 6－BA 复合激素处理。无论是人工刻芽还是采用 6－BA 复合激素处理，时间均不宜过早，过早易抽生长枝。

人工刻芽：以促花为目的的刻芽时间应掌握在 4 月 10 日以后，刻芽数量越多越好，重点是两侧和背下，背上少刻。

6－BA 复合激素处理：时间应掌握在芽接近萌动时进行，代替人工刻芽省工省时，萌芽率高，短枝多，利于花芽形成。

（2）拉枝 刻芽后不要进行拉枝，过早拉枝易抽生长枝，不利于短枝的形成。具体拉枝时间根据新梢长势而定，一般掌握矮化中间砧和矮化自根砧树前部新梢长至 10～15 厘米，乔化砧树长至 15～20 厘米时再进行。拉枝角度矮化中间砧和矮化自根砧树达到

110°～130°，乔化砧树达到 100°以下。

（3）对选留的主枝进行环切　时间掌握在 5 月底 6 月初。

（4）控水　适度干旱有利于花芽形成，为此，定植后第三年要注意水分管理，适当控水，尤其是 5～7 月花芽集中分化期不是特别干旱不要浇水，需要浇水时要做到浇小水，不要浇大水，否则将影响到花芽的形成。

（二）盛果期树修剪　果树进入盛果期后，树体转向以生殖生长为中心，以结果为主，修剪上应注意结果枝组的培养，调节光照，注意必要的更新复壮，保持结果枝组的生长势，以生产出高质量的果品。主枝上保留的侧枝或结果枝组枝轴粗度尽量控制在主枝粗度的 1/3 以下，同时疏除主枝前部过大的侧枝；枝组修剪时注意单轴顺直延伸，强枝带头，富士强壮的串花枝不要齐花回缩，否则易出现“歇枝”现象，也就是回缩的当年结果，但花芽不能形成，大小年结果现象加重。要注意控制和克服大小年，对大年花量多的年份，多剪掉一些花芽，即对结果枝组进行细致修剪，疏除过密枝组，结果年限较长、生长势力衰弱的结果枝组，选一强枝进行回缩，细弱串花枝可齐花回缩，有意识地多去掉一部分花芽。中长果枝大年时尽量不留果，对短果枝群要进行细致更新，疏去弱枝，保留壮枝、壮芽。小年树应尽量多保留花芽，中长果枝可用于结果。

（三）衰老期树的修剪　衰老树一般在衰老期来临之前，就要注意树冠外围各部分枝条的及时回缩，以利更新复壮。一般可回缩到 2～3 年或 3～4 年生枝段，回缩分枝处分枝基部的粗度最好超过其着生位置骨干枝粗度的一半以上。回缩应分年逐步完成，不宜过重，以免破坏地上部和地下部的平衡而引起严重衰弱。衰老期果树的更新复壮，单纯依靠修剪达不到复壮的目的，还必须深翻改土、断根促发新根，加强土肥水管理，真正使根系复壮生长，才能保证地上部的更新效果，延长果树的经济寿命。

三、结果枝组的布局、培养、维护与更新

（一）结果枝组的布局　结果枝组在冠内合理布局，对枝组寿

命、生长结果状况是很重要的。从骨干枝内部向外，枝的粗度逐渐减小，部位由低变高。为充分利用光照，骨干枝上着生的大中小型结果枝组应合理排列，均匀分布。枝组在骨干枝上的排列应由里向外从大到小，同时要做到斜背上、水平、斜背下、背下都有枝组排列，做到立体结果。从骨干枝的外观看，近是菱形结构，枝组后大前小，波浪前进，受光面积大，光合效能高，树体营养足。

（二）结果枝组的培养 结果枝组培养的方法很多，根据多年的生产实践，以连续甩放法培养单轴延伸的长辫子枝组为最好，其培养方法是：选中庸平斜枝，或将背上直立枝拉平连续甩放，使其单轴顺直延伸。幼树一般枝条生长较旺，也可利用部分较旺的长枝，结合春季刻芽和夏季修剪，促发短枝，缓和势力，甩放培养结果枝组，或者对长枝在春秋梢交界处以上2～3厘米处缓截。后期冬季修剪时疏除前端中长枝，只保留一个强枝作为延长枝。中长枝连续甩放1～2年即可形成花芽，结果后自然下垂，呈“长辫子”状。这种结果枝组易于培养，省工，短枝和叶丛枝多，培养周期短，结果早，枝组通风透光好，果实端正，质量好。

（三）结果枝组的维护 结果枝组在培养过程中不行短截和缩剪，连年甩放，但应注意维持其长势，尽量延长其结果年限。在枝组的维护修剪上主要采用以下方法：一是对结果枝组延长头要清，不能留双枝带头，更不能留多枝带头，每个结果枝组留一个延长枝，并尽量保持其顺直延伸；二是疏除结果枝组上的强大分枝，以保持结果枝组的单轴延伸，同时还要注意疏除过密枝和细弱的无效枝，以维持枝组的生长势力，保持其结果能力。

（四）结果枝组的更新 长辫子结果枝组优点很多，但连年结果，势力衰弱，导致结果能力下降，果个小，质量差，所以必须培养新的长辫子结果枝组。

1. 结果枝组结果下垂后，由于背上优势的作用，在弯曲部位必然要萌发一个营养枝，对于这样的枝要长放作为更新枝进行培养，成花后逐渐回缩原结果枝组，进行更新。

2. 如无适宜的枝条，可在其基部选一壮芽或壮短枝，在芽或

枝的前部刻伤，促发中长枝，第二年甩放，选为更新枝进行培养。

四、郁闭果园改造技术

（一）郁闭果园的主要特征

1. 树体结构紊乱，生长发育不良　主干矮、树冠低、中央领导干优势不突出、主枝生长优势不明显，树冠较大、内膛空虚、结果部位外移，骨干枝数量多而粗壮、小枝少，大、中型枝组比例过高且呈多轴延伸或弯曲延伸，外围竞争枝、背上直立枝多，内膛细弱枝、徒长枝和病虫枝多。

2. 果园群体枝、叶量大，树冠交叉严重　果园覆盖率达到甚至超过100%，通风透光条件恶化。

3. 果园管理困难　修剪、疏花疏果、套袋、喷药、施肥、采收等正常的果园管理极为不便。

4. 果品产量低、质量差　主要表现为果个小、套袋数量少，果实着色差甚至不着色，底色发绿，糖度低、果肉松、风味淡、不耐贮运等。

5. 大小年现象较为严重　几乎所有的郁闭果园都存在不同程度的大小年结果现象。

6. 病虫害发生较重　由于枝叶密集，通风透光不良，加之喷药不便、喷布不匀，给病虫滋生创造了适宜的环境条件。果园湿度大，光线差，距地面近，适于各种病菌繁衍，果园病虫害较一般果园严重。

（二）郁闭果园产生的原因

1. 栽植密度过大造成郁闭　从栽培方式来看，以密植栽培模式种植乔砧大冠苹果树，有限的栽培空间不能满足快速扩张的乔砧果树生长发育的要求，必然造成株间、行间交接、交叉的全园郁闭现象。果农在建园时想通过计划密植来获得早期产量，后期间伐的思路是正确的，但是果树一旦进入结果期又改变了初衷，舍不得间伐，虽然每年都要去掉一部分大枝，但总是解决不了果园的郁闭现象，结果很难达到高产、优质的目的。

2. 主干过矮造成郁闭　定植后定干高度过矮，主干高度一般在50厘米左右，基部主枝营养充足，造成生长势过旺，加长生长过快，因而造成果园郁闭。

3. 留枝不当造成郁闭　一是主枝选留过早，定植第二年就开始选留主枝，主枝与中干粗度比过小，长势过强；二是所选留的主枝多为轮生，出现“掐脖”，造成中心干生长势力过弱，形成下强现象；三是主枝过多，内膛枝、叶重生，外围延长枝相互竞争生长，造成果园群体、个体的风光条件恶化。

4. 落头过急过重造成郁闭　这是造成果园郁闭的主要原因，绝大多数郁闭果园都是因为落头过急过重造成的。果农为了作业方便，一般在幼树整形期间，树高达到2米左右就开始落头。从生理上来讲，乔砧苹果十年生之前仍以营养生长为主，即以长树为主，过早落头，消除了中央领导干对主枝的控制，势必造成主枝横向生长过快，随着树冠的扩大，二层主枝由于处于生长的优势部位会很快接近甚至超过一层主枝的生长量，从而导致果园郁闭。

5. 肥水管理不当造成郁闭　在果园的肥水管理过程中，过分浇水，过度地使用氮、磷、钾复合肥，尤其是偏施氮肥，造成营养生长过大，加重了果园郁闭的程度。

（三）郁闭果园改造技术

1. 因栽植密度过大造成的郁闭　改造方法：对果园进行间伐，即隔行去行或隔株去株。间伐是改造苹果郁闭园最简单、最根本、最彻底、最有效的技术途径。间伐的作用主要是打开果园的光路和作业通道，解决果园群体郁闭的问题。如果栽植密度减不下来，单纯地依靠缩冠、改形、拉枝、开角、疏大枝等技术措施，是解决不了果园的郁闭问题的。根据果园的株行距和果园郁闭程度，密植园间伐可以采取一次性间伐和缓期间伐两种模式。

（1）一次性间伐　对于高密度果园，行距2.5米以下、株距在2米的果园，采用一次性隔行去行和隔株去株的改造方式，变密植为稀植；行距3～4米、株距2米的果园可采用隔株去株的改造方式，改变原来的行向，使原来的行距变成株距，原来的株距变成行

距。改造后的果园要加强综合管理，对于保留的树套袋数量可在原来的基础上增加30%，并增加施肥量，尽可能地减少产量损失。

(2) 缓期间伐　对于中等栽植密度的果园，株行距3米×3米，考虑到果农的接受程度，可采用逐年改造的方式进行改造。

首先选出临时行和永久行，修剪时临时行和永久行采用不同的修剪方式。

①临时行的修剪。以疏、缩为主。疏除伸向行间影响永久行生长的大枝；回缩伸向行间的大枝以及大型结果枝组，使树冠呈扁平状；疏除大枝和大枝回缩后，小枝尽量轻剪，多保留花芽，使之结果；计划改造时间：2～3年完成。

②永久行的修剪。按照正常修剪进行，对基部过矮的大枝有计划地疏除，重点培养高度80～100厘米部位的大枝，使之向行间生长，同时注意培养结果枝组，维持结果枝组的更新。

这里需要注意的是不论高密度果园还是中等密度果园，间伐时都要根据行间、株间的交叉程度来进行。一般认为，当交叉程度达到20%时，可行缓期间伐；当交叉程度达到50%时，可一次性间伐。

2. 因主干过矮造成的郁闭　改造方法：结合"提干"进行改造。

(1) 对于离地面80厘米以上的骨干枝生长较好，且产量较高的，可一次性疏除基部三大主枝，将主干抬高到80厘米以上。

(2) 对离地面80厘米以上骨干枝过小的果园，基部三大主枝可疏除离主干1米以内的结果枝组，抬高结果部位，重点培养离地面80厘米以上的骨干枝，做大做强，待有一定产量后再逐年疏除基部三大大枝，将主干抬高到80厘米以上。

(3) 树高在1.5～2米的树，最上层主枝生长较好，且产量较高，可一次性疏除基部主枝，仅保留最上部一层主枝结果。

3. 栽植密度适宜，因骨干枝过多造成的郁闭　改造方法：疏大留小，拉大保留主枝与中干的粗度比。

这类果园所采用的树形多为纺锤形，主枝选留过多，且生长势过强。对这类果园一是结合“提干”，疏除基部过矮的主枝；二是对上部主枝采用去大留小的方式，疏除过大过长的骨干枝，保留生长势缓和、粗度相对细的骨干枝；三是对结果枝组不要过多、过重回缩，并注意培养单轴延伸的结果枝组；四是尽量多保留结果枝组使之结果，以防止返旺。

五、生产上常见几种类型树的修剪

（一）旺树的修剪

1. 原因 重施氮、磷、钾复合肥，尤其是偏施氮肥；短截、回缩手法运用太多；修剪量大；背后枝换头等。

2. 修剪方法 外围枝清头修剪，即延长枝甩放并连环刻芽，单轴延伸，去掉多余的竞争枝；主枝两侧及背后多留枝甩放，以分散生长势；疏除背上强旺枝组和强旺枝；将直立枝组改为背上斜生枝组，以强枝带头，缓和势力。

（二）外强内弱树的修剪

1. 原因 骨干枝角度小，顶端优势强；外围枝短截过多过重；结果枝组短截、回缩、戴帽、甩小辫多；骨干枝选留过多。

2. 修剪方法 拉枝开角，加大骨干枝的角度；外围延长枝单轴延伸；疏除外围背上和两侧强旺枝组和旺长枝；骨干枝的中后部多留枝，多甩放中长枝；疏除过多的骨干枝。

（三）内强外弱树的修剪

1. 原因 外围延长枝单轴延伸，连续甩放；幼树整形期间，刻芽过重；对选留的骨干枝拉枝角度过大，且基角未拉开，尤其是高接换头的树；背上强旺枝多。

2. 修剪方法 回缩原头，培养角度适宜、强旺的长枝或枝组做新头，控制背上的旺长；疏除中后部旺长枝和枝组；背上、两侧多甩放中、长枝，以缓和长势。

（四）上强下弱树的修剪

1. 原因 一层主枝、侧枝延长枝截留短，修剪重、留枝量少；一层主枝角度大，生长量少；二层主枝培养早，剪留长，侧枝过多

过大；落头过急过重，造成二层主枝生长量超过一层主枝；纺锤形树形整形不当。

2. 修剪方法　对于二层主枝过大的树，可结合提干逐年去除一层主枝，利用二层主枝结果；对于纺锤形上强树，可改造树形为十字形，也可疏除上部强旺主枝和过多主枝。

（五）弱树的修剪

1. 原因　土壤瘠薄，肥水缺乏；轻剪长放，多年不缩；负载量大，病虫害严重；修剪粗放，老弱枝、病虫枝多，剪锯口多，腐烂病，粗皮病严重；根系生长不良。

2. 修剪方法　加强肥水管理，提高土壤有机质含量；减少负载量，复壮树势；减少分枝级次及侧枝的数量；对各级延长枝短截在饱满芽处，也可回缩至3～5年生枝段的壮分枝处；枝组回缩到壮分枝处；营养枝多中截，多促发壮中枝和少量的长枝。

（六）大小年树的修剪

1. 引起小年的原因　上年留果量过多，营养消耗大，难以形成花芽是主要原因；修剪过重，短截、回缩过多，预备枝少；施肥不当成花少；花芽分化期涝害严重，早期落叶等。

2. 小年树的修剪　小年树一般花芽量较少，修剪不当往往造成树势不稳定，影响当年的产量。为防止树势返旺，小年树冬季修剪时应尽量少疏或不疏大枝；多保留花芽；同时多留枝，多甩放发育枝，以缓和树势。

3. 大年树的修剪　大年树花芽多，在修剪时，要做到细致修剪，可以适当去除过密大枝、过多的花枝，调理结果枝组的布局，疏除无效枝，减少养分消耗，同时多保留发育枝以备来年结果，防止大小年现象的发生。

六、休眠季节修剪应注意的几个问题

1. 对于过长的主枝需要换头时　注意选留的新带头枝的粗度要达到原主枝头粗度的1/2以上，或者是回缩到8年生以上枝段上，否则容易造成枝势返旺，不利于树势稳定。

2. 对于树龄过大、树势偏弱的树 要保留部分平斜的中庸健壮一年生枝条进行缓放，结合春季进行刻芽，培养结果枝组。

3. 对于幼旺树 背上中庸枝可隔三差五保留，不要全部疏除，待秋季再进行处理，以利缓和树势。

4. 大枝疏除过多时，小枝的处理 除无效枝疏除外，其余枝条尽量少动，尤其是不要进行回缩。

5. 树高的确定及适宜的落头时间 不同砧木和不同栽植密度的果树适宜的树高依据行距而定，乔砧果树适宜的树高为行距的75%，矮砧为行距的90%左右；当树高达到适宜的高度后要落头，控制其树高，落头不要过早、过急，一般掌握13年以后逐年落头，2～3年达到适宜的高度。

第五章　病虫防治技术

第一节　主要真菌性病害及防治技术

一、苹果腐烂病

（一）症状特点　该病主要为害枝干，症状表现两种类型，即溃疡型和枝枯型。

溃疡型：发生在大枝干上，发病初期病斑呈红褐色水渍状肿起，病斑组织松软，用手挤压呈海绵状下陷，并溢出黄褐色汁液，病皮易剥离，有浓厚的酒糟味。后期病斑干缩下陷，表皮上出现黑色小点粒，病斑边缘不清晰。

枝枯型：多发生在小枝上，病斑蔓延迅速，不呈水渍状，无酒糟味，形状不规则，无明显边缘，发病后病斑很快绕枝一周，病枝干枯死亡。

（二）发病规律　病菌在病树皮、病株残体和枝干死皮下的腐烂点上越冬，全年均可侵染，但以秋季为侵染高峰期，因为，此期正值果实采收后，树体营养亏缺，抗病能力差。腐烂病一年有两次发病高峰期，第一次是在3～4月，发病最多，病斑扩展最快；第二次是9月中旬至休眠期，此次发病较少，病斑扩展轻微。腐烂病是一种弱寄生菌，主要从伤口处侵入。

（三）引起腐烂病发生严重的主要原因

1. 施肥不合理，有机肥施用不足，氮素营养过多，磷钾肥不足，造成树势虚旺，不重视中、微量元素的施用。

2. 长期环剥、环切、冻害、日灼伤等造成树势衰弱。

3. 大小年结果现象严重，造成树体营养年间变化较大，树体营养不足。

4. 果园长期积涝，根系发育不良，树势衰弱。

5. 修剪不当，致使伤口过多，为病菌侵入和扩展创造了条件。

(四) 防治方法

1. 苹果腐烂病菌是一种弱寄生菌，平衡施肥，增施有机肥，复壮树势，提高树体抗病能力，是防治腐烂病的根本途径。

2. 改良土壤，完善果园排灌系统，防止出现涝害。

3. 合理修剪。修剪时间最好是在早春回暖后进行，疏枝不要紧贴母枝，剪口太平不利于愈合，但也不要留桩太高，否则易在剪口处感染腐烂病。大的剪锯口涂抹愈合剂，一是保护伤口不被侵染，二是促进伤口愈合。

4. 经常检查果园，剪除腐烂病枝，及时刮治大枝上的腐烂病疤，并涂药消毒，常用药剂有：14.5%多效灵（络氨铜）50倍液，43%好力克（戊唑醇）500倍液，噻霉酮涂抹剂等。

5. 搞好疏花疏果，合理负载，减轻大小年结果现象的发生。

6. 休眠季节喷洒铲除剂。常用药剂有：14.5%多效灵（络氨铜）100倍液，43%好力克（戊唑醇）3 000倍液等。

二、苹果干腐病

(一) 症状特点

1. 溃疡型 发生在成龄树的主枝、侧枝或主干上。一般以皮孔为中心，形成暗红褐色圆形小斑，边缘色泽较深。病斑常数块乃至数十块聚生一起，病部皮层稍隆起，表皮易剥离，皮下组织较软，颜色较浅。病斑表面常湿润，并溢出茶褐色黏液，俗称“冒油”。后期病部干缩凹陷，呈暗褐色，病部与健部之间裂开，表面密生黑色小粒点。潮湿时顶端溢出灰白色的孢子团。发病严重时，病斑迅速扩展，深达木质部，常造成大枝死亡。

2. 干腐型 成龄树、幼树均可发生。成龄树：主枝发生较多。病斑多在阴面，尤其在遭受冻害的部位。初生淡紫色病斑，沿枝干纵向扩展，组织枯干，稍凹陷，较坚硬，表面粗糙，龟裂，病部与

健部之间裂开，表面亦密生黑色小粒点。一般病斑只限在皮层较浅的部位，病皮干枯脱落。但严重时亦可侵及形成层，使木质部变黑。此型病斑可逐年缓慢扩展，变成很大的病斑；幼树：幼树定植后，初于嫁接口或砧木剪口附近形成不整形紫褐色至黑褐色病斑，沿枝干逐渐向上（或向下）扩展，使幼树迅速枯死。以后病部失水，凹陷皱缩，表皮呈纸膜状剥离，露出韧皮部。病部表面亦密生黑色小粒点，散生或轮状排列。

3. 果腐型　干腐病菌也可侵染果实。被害果实，初期果面产生黄褐色小点，逐渐扩大呈同心轮纹状病斑，条件适宜时，病斑扩展很快，数天整果即可腐烂。

（二）发病规律

1. 幼树的嫁接口附近常易感病。

2. 倒春寒或冬、春干旱时发病重，失水较多的幼树在早春易暴发成灾。

3. 地势低洼积水，土质瘠薄及管理粗放的小树、幼树及衰老树易发病。

4. 偏施氮肥，树体生长过旺发病重。

（三）发病原因

1. 该病属弱寄生菌感染所致，树体衰弱是其发病的首要条件。

2. 土壤板结，土壤通透性差，造成根系生长不良，树势衰弱。

3. 果园排灌系统不健全，排水不良，长期积涝。

4. 严重的大小年结果现象发生，树体年间营养变化太大。

（四）预防措施

1. 加强土肥水管理，增强树势是第一要务。

2. 发现干腐病斑及时刮治，并涂药消毒。

3. 按腐烂病防治方法进行防治。

三、苹果轮纹病

主要为害枝干和果实，在枝干上表现粗皮，故又叫做“轮纹粗皮病”。

（一）症状特点 枝干受害，初期以皮孔为中心，形成椭圆形或圆形淡褐色病斑，病斑中央有质地坚硬的突起。以后病斑边缘龟裂，与健部形成一道环沟，病斑中间生有黑色小点粒。发病严重时，多数病斑连在一起，形成粗皮。

果实发病，初期以皮孔为中心生成水渍状褐色小斑点，病斑渐次扩大为黑褐色，并有明显的深浅相间的同心轮纹，病斑不凹陷，这是与炭疽病的明显区别。

（二）发病规律 苹果轮纹病菌在被害枝干上越冬，来年春天当气温达到14℃以上时，遇雨传播，进行初次侵染。苹果轮纹病只有初侵染，没有再侵染。侵染时期集中在春季的幼果期，但不表现症状，呈潜伏状态，果实接近成熟时，随着果实内单宁、酚类物质减少和酸度的减小，含糖量的增加，开始发病表现症状。

（三）防治方法 根据苹果轮纹病的发病规律和为害特点，在防治上应以前期为主，杜绝病菌侵染。

1. 果树萌芽前用43%戊唑醇500倍液，或1：1：60～80倍波尔多液涂刷枝干。

2. 落花后7～10天及时喷药防治，以后每隔7～10天喷1次，至果实套袋前连喷3～4次，推荐使用药剂：70%的甲基托布津800倍液，50%的多菌灵600倍液，43%好力克4 000倍液等。不套袋果6月中旬以后以1：2～3：180～200倍的波尔多液与内吸性杀菌剂交替使用。

四、苹果炭疽病

（一）症状特点 主要为害果实。受害果初期呈现淡褐色的圆斑，当病斑扩大到1～2厘米时，病斑上逐渐生出黑色小点，并排成同心轮纹状。湿度大时，病斑上能溢出粉红色的黏液，病斑表面凹陷，这是与轮纹病的主要区别，并向果肉深处呈漏斗状扩展。

（二）发病规律 苹果炭疽病以菌丝在病弱枝、病僵果、干枯果台等上越冬，来年夏季温湿度适宜时产生孢子，进行侵染，一年能进行多次侵染，并有发病中心病株。烟台地区最早6月下旬开始

发病，7月上中旬逐渐增多。苹果炭疽病喜高温高湿，一般多雨年份发病重，地势低洼、通风透光不良的果园发病重。

（三）防治方法

1. 前期防治参见苹果轮纹病的防治方法。

2. 后期防治，对于不套袋果，麦收前后各喷一遍1∶2～3∶180～200倍的波尔多液，以后可用波尔多液与其他有机杀菌剂交替使用。

五、苹果斑点落叶病

（一）症状特点　主要为害幼嫩的叶片，老叶不会感染，也为害枝条和果实。叶片感病后，初为褐色小点，以后逐渐扩大，呈红褐色，病斑中心往往有一深色小点或呈同心轮纹状。后期病斑扩大为不整形，有的病斑呈灰白色，其上散生小黑点，有的病斑破裂或穿孔；枝条受害以皮孔为中心，呈疮痂状圆形突起；幼果感病形成黑色针头大的小斑点，成熟果感病，形成直径2～5毫米的红色斑点。

（二）发病规律　病菌以菌丝体在落叶和病枝上越冬，雨水和多雾是病害流行的主要条件。叶片5月中旬出现病斑，进入6月的梅雨季节病叶激增；果实8月以后表现症状，病果急剧增加。春梢迅速生长期多雨发病早而重。品种以元帅系、富士系和千秋较易感病。

（三）防治方法

1. 清理果园　扫除园内落叶，剪除病枝，带出果园烧掉或深埋。

2. 药剂防治　适宜防治时期为新梢迅速生长期。推荐使用药剂：3%多抗霉素1 000倍液；70%安泰生（丙森锌）700～800倍液；80%代森锰锌类800倍液；5%己唑醇1 000倍液等。

六、苹果褐斑病

（一）症状特点　苹果褐斑病主要侵染叶片，也可为害果实。发病初期叶背出现直径0.2～0.5厘米褐色小斑点，边缘不整齐。

后期常因苹果树品种和发病期的不同而演变为3种类型的症状。该病只侵染老叶，幼嫩叶片不会侵染，这是和斑点落叶病的最大区别之一，落叶从内膛及枝条下部叶片开始，大量落叶后仅上部幼嫩叶片不脱落，这也是与斑点落叶病的一大区别，发现落叶后很难用药剂加以控制。

1. 同心轮纹型 叶正面病斑圆形，褐色，直径1～2.5厘米。叶片变黄后，病斑周缘仍保持有绿色晕圈。后期病斑表面产生许多小黑点，呈同心轮纹状。

2. 针芒型 病斑小而多，遍布全叶，暗褐色。对着光线可见周围有黑色分枝菌索呈针芒状向外扩展。后期病叶变黄，但病斑仍为绿色。

3. 混合型 病斑较大，暗褐色，圆形或多个病斑连在一起呈不规则形。边缘有针芒状黑色菌素，后期病叶变黄，病斑中央灰白色，边缘保持绿色，其上散生许多小黑点。

（二）发生规律 苹果褐斑病是真菌中的子囊菌侵染所致。病菌以菌丝或分生孢子盘在病叶上越冬。翌年春季遇雨产生分生孢子。随风雨传播，多从叶背侵入，也可以从叶正面侵入。潜育期6～12天。6、7月开始发病，8、9月为发病盛期。降雨早而多的年份发病较重。地势低洼、树冠郁闭、通风不良的果园发病重。

（三）防治方法

1. 以预防为主，有效药剂为波尔多液，套袋后要立即喷洒一遍波尔多液，波尔多液的倍数为1∶2～3∶180～200，整个生长季节喷2～3次。

2. 发现有轻微的褐斑病发生时要及时喷药防治，目前防治较好的药剂为戊唑醇类。

七、苹果粗皮病

（一）苹果粗皮病发生的原因

1. 枝干轮纹病引起粗皮。

2. 锰中毒造成粗皮。主要是因为施肥不合理，土壤酸化，锰

吸收过量，中毒造成粗皮。

3. 长期环切、环剥，导致地上营养不能向根部运输，根系生长不良，营养吸收不平衡，树势衰弱。

轮纹粗皮与锰中毒造成的粗皮最大的区别在于：轮纹粗皮发生在3年生以上的老枝上，而锰中毒粗皮在1～2年生的幼嫩枝条上也表现症状。

（二）苹果粗皮病防治方法　不能只采取单一的方法，应综合进行防治。

1. 休眠季节涂药消毒，春季果树萌芽前喷干枝。

2. 调节土壤酸碱度，增施有机肥、施生石灰、硅钙镁肥等。生石灰亩施用量为100千克左右，可隔年施用。

3. 注意果园排涝，积涝果园最易表现粗皮病。

4. 除幼旺树外，一般不提倡环切、环剥。

八、苹果锈病

（一）症状特点　苹果锈病又叫赤星病。主要为害苹果叶片，也能为害嫩枝、幼果和果柄，还可为害转主寄主桧柏。叶片初患病正面出现油亮的橘红色小斑点，逐渐扩大，形成圆形橙黄色的病斑，边缘红色。发病严重时，一个叶片出现几十个病斑。发病1～2周后，病斑表面密生鲜黄色细小点粒，即性孢子器。

（二）发生规律　苹果锈病菌是一种转主寄生菌，转主寄主为桧柏类植物。病菌在桧柏小枝上，以菌丝体在菌瘿中越冬。第二年春天形成褐色的冬孢子角，遇降雨或空气潮湿时吸水膨大，冬孢子萌发产生大量担孢子，随风传播到苹果树上进行侵染。

（三）防治方法

1. 铲除菌源。彻底铲除果园附近的桧柏等转主寄主。如不能铲除，冬季应剪除其上的病枝，集中销毁。春季果树萌芽前，对果园附近的桧柏喷布一遍5～7波美度石硫合剂。

2. 于苹果发芽后至幼果期，喷洒氟硅唑、苯醚甲环唑、戊唑醇等三唑类杀菌剂。

九、苹果疫腐病

（一）症状特点 疫腐病主要为害果实、根颈及叶片。果实受害后果面产生不规则形，深浅不匀的暗红色病斑，边缘不清晰似水渍状。果肉变褐腐烂后，果形不变呈皮球状，有弹性。病果极易脱落，最后失水干缩成僵果。在病果开裂或伤口处，可见白色绵毛状菌丝体。

（二）发病规律 疫腐病的发生与温、湿度关系密切。幼果期降雨频繁，降水量大的年份发病重，尤以距地面 1 米的树冠下层及近地面果实先发病，且病果率高。生产上，地势低洼或积水、四周杂草丛生、树冠下垂枝多、局部潮湿发病重。土壤积水的情况下，根颈部如有伤口易造成腐烂。

（三）防治方法

1. 疫腐菌以病残体在土壤中越冬，所以清除落地果实并摘除树上病果、病叶深埋，是一项重要的防病措施。

2. 由于疫腐病菌是以雨水飞溅为主要传播方式，所以果实越靠近地面越易受侵染而发病，以距地 60 厘米以下的果实发病最多，适当采取提高结果部位和地面铺草等方法，可避免侵染减轻为害。

3. 改善果园生态环境，排除积水，降低湿度，树冠通风透光可有力地控制病害。

4. 药剂防治乙膦铝较好。

十、根部病害

（一）症状特点及发生规律

1. 圆斑根腐病 苹果圆斑根腐病是分布最广、为害较重的一种烂根病。

（1）症状特点 病害于开春果树根部开始活动后即可在根部为害，但地上部的症状要在苹果萌芽后的 4～5 月才较为集中地表现出来。由于染病时间长短、病情轻重不同及气候条件的影响，病株地上部分的症状表现有几种不同类型：

①萎蔫型。树势衰弱的树多属此类型。病株在萌芽后整株或部分枝条生长衰弱，叶簇萎蔫，叶片向上卷缩，形小而色浅；新梢抽生困难；有的甚至花蕾皱缩不能开放，或开花后不坐果；枝条皮层呈现失水状。

②青枯型。病株在春旱又气温较高时常呈现这种症状。病株叶片骤然失水青干，多数从叶缘向内发展，但也有沿主脉向外扩展的。在青干与健全叶肉组织分界处有明显的红褐色晕带，青干严重的叶片即行脱落。

③叶缘焦枯型。病势发展缓慢的树往往表现这种症状。病株叶片的尖端或边缘发生枯焦，而中间部分保持正常，病叶不会很快脱落。

④枝枯型。根部腐烂严重，大根已烂至根颈部时呈现的症状。病株上与烂根相对应的少数骨干枝发生坏死，皮层变褐下陷，坏死皮层与好皮层分界明显，并沿枝干向下蔓延。后期坏死皮层崩裂，极易剥离，枯枝木质部导管变褐，且一直与地下烂根中变褐的导管相连接。

病株地下部分发病，是先从须根（吸收根）开始，病根变褐枯死，然后延及其上部的肉质根，围绕须根基部形成红褐色圆斑。病斑进一步扩大与相互融合，并深达木质部，致使整段根变黑死亡。病害就是这样从须根、小根逐渐向大根蔓延为害的。

（2）发病规律　作为病原的镰刀菌都是土壤习居菌，可在土壤中长期进行腐生存活，同时也可寄生为害寄主植物。在果园里，只有当果树根系衰弱时才会遭受到病菌的侵染而致病。因此干旱、缺肥、土壤盐碱化、水土流失严重、土壤板结通气不良、结果过多、大小年严重、杂草丛生以及其他病虫（尤其是腐烂病）的严重为害等导致果树根系衰弱的各种因素，都是诱发病害的重要条件。

2. 根朽病　幼树发病较少，主要为害成龄树特别是衰老树。

（1）症状特点　病树地上部分表现为局部枝条或全株叶片变小变薄，同时从下而上逐渐黄化，甚至脱落；新梢变短但结果却多，果小味劣。根部发病可从小根、大根或根颈部与病根接触处或有伤口处开始，然后迅速向根颈部蔓延。病害主要在根颈部为害，发展很快，可沿主干和主根上下扩展，同时往往造成环割现象，致使病株枯死。

（2）发病规律　根朽病菌以菌丝体或根状菌索在病株根部或残留在土壤中的根上越冬。主要靠病根或病残体与健根接触传染，病原分泌胶质黏附后，再产生小分枝直接侵入根中，也可从根部伤口侵入。生产中，沙土果园较黏土果园发病重，肥水条件差的果园和衰弱树受害较重。

3. 白绢病　苹果白绢病俗称烂葫芦，高温多雨地区发病较重，沙地果园发病较多，主要为害4～10年生幼树，成龄树和老树被害较少。

（1）症状特点　在潮湿条件下，受害根茎表面产生白色菌索，并延至附近的土壤中，后期病根茎表面或土壤内形成油菜籽似的圆形菌核，为害近地面的茎基部。发病时，茎基部初呈暗褐色水渍状病斑，后逐渐扩大，稍凹陷，其上有白色绢丝状的菌丝体长出，呈辐射状，病斑向四周扩展，延至一圈后，便引起叶片凋萎、整株枯死。病部后期生出许多茶褐色油菜籽状的菌核，茎基部表皮腐烂，致使全株茎叶萎蔫和枯死。

（2）发病规律　病菌主要以菌核在土壤中越冬，也可以菌丝体随病残组织遗留在土中越冬。条件适宜，菌核萌发产生菌丝，从寄主根部或近地面的茎基部直接侵入，如根茎部有伤口，更有利于侵入感染。病菌通过雨水及农事操作而传播。菌核抗逆性很强，在田间能存活5～6年。高温高湿是发病的重要条件，7～8月高温季节、低洼湿地发病较重。酸性土壤有利于病害的发生。

4. 紫纹羽病　排水不良的果园发病较重。

（1）症状特点　病株地上部分的症状，同样是叶片变小、黄化，叶柄和中脉发红，枝条节间缩短，植株长势衰弱。根部受害从小根开始向大根蔓延，病势一般缓慢，病株要几年才会死亡。但在高温高湿条件下，也有急性型，有的一两天前植株外表正常，但突

然发生萎蔫而死亡。病根初期形成黄褐色斑块，较健部略深，内部则发生褐色病变，病部表面密生紫黑色绒状菌丝层，并长出暗色菌索，在病健交界处甚为明显。

（2）发病规律　病菌以菌丝体、根状菌索或菌核在病根上或遗留在土壤中越冬，根状菌索和菌核在土壤中能存活多年。条件适宜时，由菌核或根状菌索上长出菌丝，遇到寄主的根时即侵入为害。病、健根接触也可传病。担孢子寿命较短，对传病作用不大。

5. 白纹羽病

（1）症状特点　地上部症状是病树长势衰弱，新梢短、发芽晚，叶片小而色淡，易变黄脱落。刨开病树根部，在根尖形成白色菌丝，老根或主根上形成略带棕褐色的菌丝层，结构比较疏松柔软。菌丝索可以扩展到土壤中，变成较细的菌索，有时还可以填满土壤中的孔隙。菌丝层上可生长出黑色的菌核。菌丝穿过皮层侵入形成层深入木质部导致全根腐烂，病树叶片发黄，早期脱落，以后渐渐枯死。

（2）发病规律　病菌的菌丝残留在病根或土壤中，可存活多年，并且能寄生多种果树，引起根腐，最后导致全株死亡，是重要的土传病害。主要以菌丝越冬，靠接触传染。凡树体衰老或因其他病虫为害而树势很弱的果树，一般多易于发病。

（二）根部病害防治方法

1. 增强树势，提高抗病力。增施有机肥料，加强松土保墒，控制水土流失，加强其他病虫防治，合理修剪，控制大小年等。

2. 晾根。早春和秋季将染病植株主干周围60厘米范围内的土挖出，去掉腐根，晾晒15天左右，并浇灌药剂消毒，然后回填，回填时进行换土，可适当施用草木灰或炉渣。

3. 土壤消毒灭菌。苹果树萌芽前和夏末进行两次，以根颈为中心，开挖3～5条放射沟，深30厘米，宽30～40厘米，至树冠外围，灌根消毒灭菌。

有效的药剂有：70%甲基托布津可湿性粉剂500倍液；1波美度石硫合剂；2%农抗120水剂200倍液；14.5%多效灵300倍液；

300 倍硫酸铜液等。

4. 新的砧木或根蘖苗进行桥接，促使树势恢复。

第二节　常见生理性病害及防治技术

一、苹果苦痘病

苹果苦痘病是当前套袋果发生较为严重的一种生理性病害，是由于缺钙引起的。缺钙造成的生理性病害除苦痘病外，还有痘斑病、水心病等。

（一）症状表现　缺钙时，新生小枝上较幼龄叶出现褪色或坏死斑，叶尖及叶缘向下弯曲，较老叶片组织可能出现部分枯死。根早期缺钙标志为：根变短，有球状根，短暂生长后，由根尖回枯。缺钙表现在果实上，先由果皮下潜层果肉发病，肉质变浅褐色，果面出现稍凹陷的圆形斑，大小一般为 3～6 毫米，病斑果肉呈海绵状，味苦。在不同品种上病斑颜色不同，红色品种呈暗紫红色，黄色品种呈深绿色，绿色品种呈灰褐色或暗褐色。

（二）预防措施　参照第三章第四节苹果钙素营养及苦痘病防治技术。

二、苹果黑点病

（一）症状表现　黑点型：黑点大小 1～3 毫米，中心色浅，有时病斑中央有裂纹或白色膜状果胶。黑点多集中于萼洼部位。

褐斑型和红晕褐斑型：病斑分布于果面、果肩，褐至黑褐色，一般呈 3～5 毫米的圆斑，周缘有或无红晕，或暗绿色晕环。病斑稍凹陷，有的具小空洞、裂纹或白色胶沫，病斑深入果肉。

（二）发生原因　苹果黑点病应是缺钙生理性病害的一种症状表现。苹果苦痘病发生严重的果园一般都伴随着苹果黑点病的发生。多雨年份、涝害发生严重的园片、施用未经充分腐熟圈肥的园片一般发生较重。品种之间发病轻重也有差异，珊夏、红将军发病重，嘎拉发病轻。

（三）预防措施 参照第三章第四节苹果钙素营养及苦痘病防治技术。

三、苹果小叶病

（一）症状表现 苹果小叶病是由缺锌引起的一种生理性病害，主要表现在新梢上，初期叶片呈黄绿色，且叶色浓淡不匀，叶脉间色淡。病枝发芽晚，病梢顶端节间短，叶片狭小不伸展，呈柳叶状，叶片硬脆，叶缘向上，长出的果小而变形，同时坐果率低，病枝容易衰弱枯死。症状多表现在树冠外围的新梢上，一株树有些枝表现症状，有些枝则不表现症状，生长正常。

（二）引起小叶病发病重的主要原因有

1. 土壤缺锌。
2. 施肥不合理，营养吸收不平衡。
3. 长期环切环剥，根系生长不良，吸收能力减弱。
4. 修剪过重。

（三）预防措施

1. 合理修剪。
2. 萌芽前结合喷干枝，喷施25～30倍硫酸锌液。
3. 土壤补锌。结合施肥土壤施用锌肥。
4. 生长季节喷施优质锌肥。

四、缩果病

（一）症状表现 苹果缩果病是由缺硼引起的一种生理性病害。表现在果实上主要有干斑型和果肉木栓化两种类型。

1. 干斑型 出现较早，落花后半月即出现。起初幼果果面出现水渍状近圆形的斑块，皮下果肉呈水渍状半透明，病斑表面有黄色黏液。以后水渍状病斑坏死，果肉变褐至暗褐色，干缩凹陷，形成干斑，使果实呈畸形。病严重时果较小，或干斑龟裂，病轻时也可长到正常果大小。

2. 果肉木栓化型 从落花到收获期均可发生，果肉呈褐色的海绵状，在果肉内的分布多呈条状。幼果期发病，果实变形易早落。后期发病，果实外形变化不显著，但仔细观察可发现果面凹凸不平，果肉松软，味淡。

病状表现在枝叶上，新梢顶叶发黄，叶脉发红扭曲，叶尖上有坏死斑块，枝干韧皮部坏死，有的春季不能发芽而枯死。枝条发生丛枝状，新梢节间短，叶片脆小。

（二）防治方法

1. 土壤施硼 结合果园追肥，盛果期大树每株追施150克硼砂。土壤施硼时应注意不要太深，因为果树对硼的吸收与土壤温度有关，温度较高的表层最有利于果树对硼元素的吸收。

2. 叶面喷硼 可于花前、花后和盛花期连喷3遍0.3%的硼砂，除可矫正缺硼症外，还可提高坐果率。

五、黄叶病

（一）症状表现 黄叶病是由缺铁引起的一种生理性病害。发病时从新梢顶部的幼嫩叶片上开始，初期病叶变黄，叶脉仍为绿色。病势严重时，除叶片主脉外，其余部分全变为黄绿色或黄白色，后叶片焦枯脱落。苹果缺铁引起的黄叶病应与病毒性的花叶病区别开来，否则达不到预期的防治效果。两种病害表现症状的主要区别是：缺铁黄叶病叶片变黄比较均匀一致，且叶脉为绿色，而病毒性花叶病则表现黄绿相间，呈花叶型，叶脉也可变为黄色；从发生规律看，缺铁黄叶病如不及时防治，整个生长期均表现黄叶，而病毒性花叶病则表现春季气温相对较低时较重，随着气温的升高，病情有减轻的趋势，到夏季高温季节症状表现不明显，秋季随着气温的降低又逐渐表现症状。

（二）防治方法

1. 土壤施用铁肥 结果树可结合秋施基肥或春季追施硫酸亚铁，每株250克左右。

2. 叶面喷施铁肥 从5月开始，每隔10～12天喷1次400倍的氨基酸铁液，连喷2～3次。注意氨基酸铁一般不要小于400

倍，露水不干或叶片上有雨水时不要喷药，否则铁易析出，造成药害。

第三节　苹果主要病毒性病害

一、苹果锈果病

苹果锈果病是生产上发生较为普遍的一种病毒性病害，主要表现3种类型。

1. 花脸型　果面凹凸不平，着色品种着色后出现红绿（黄、白）相间的花斑。

2. 锈果型　果实上有5条与心室相对应的红褐色木栓化锈斑，由果顶沿果面向果柄呈放射状发展。病重时锈斑龟裂，甚至果皮开裂，果小畸形。

3. 复合型　着色前果顶或果面散生锈斑，着色后除锈斑外的部位着色不匀呈黄绿斑块。

二、苹果花叶病

苹果花叶病症状特点表现为5种类型。

1. 斑驳型　是最常见的一种类型。病斑一般从小叶脉上开始发生，形状不定，大小不一，鲜黄色，边缘清晰，有时数个病斑融合在一起成为大病斑。

2. 花叶型　病斑形状不定，有较大深绿或浅绿相间的色变，边缘不清晰。病叶出现晚，数量少。

3. 条斑型　病斑沿叶脉失绿黄化，并蔓延到附近的叶肉组织。有的仅主脉和支脉黄化，变色部分变宽，有的较狭如同网状纹。病叶出现晚。

4. 环斑型　病叶上出现圆形、椭圆形或近圆形鲜黄色环斑，或近似环状斑纹，病叶出现最晚。

5. 镶边型　病叶边缘黄化，形成一条很狭窄的黄色镶边，其他部分正常。

三、预防措施

对病毒性病害的防治目前没有特效的药剂，主要通过以下办法加以控制。

1. 新建果园栽植无病毒苗木，这是从根本上解决病毒性病害的有效方法。

2. 加强栽培管理，比如改良土壤、促进根系生长、增强树势等方式，再配合使用一些钝化病毒的药剂，抑制病毒生长，使其不表现症状。

第四节　苹果主要虫害及防治技术

一、康氏粉蚧

（一）为害特点　刺吸式口器害虫，以成虫和幼虫吸食幼芽、叶片和果实汁液。为害套袋果，梗洼、萼洼处较重，果实被害后，形成大小不等的黑斑，其上附着白色粉状物。

生产上通常将苹果黑点病当做康氏粉蚧，实际上，苹果黑点病与康氏粉蚧有着本质的区别。黑点病上出现的白粉为果胶从伤口处溢出干缩而成，康氏粉蚧为害果实可造成果面污染，但不会出现黑点。

（二）发生规律　一年发生3代，以卵在枝干各种缝隙和树干基部附近的土石缝等荫蔽处越冬。果树萌芽时越冬卵孵化，爬到枝叶等幼嫩部分为害。第一代若虫发生盛期为5月中下旬，第二代7月中下旬，第三代8月下旬。若虫期雌35～50天，蜕3次皮羽化为成虫；雄25～37天，蜕2次皮进入前蛹期静止于茧中，进而化蛹，羽化期与雌同。该虫喜阴暗荫蔽处，且喜潮湿。

（三）防治方法　康氏粉蚧一般药剂都可以防治，如吡虫啉、菊酯类杀虫剂、毒死蜱等。

二、苹果金纹细蛾

金纹细蛾是苹果潜叶蛾的重要种类，近两年苹果潜叶蛾为害有

上升的趋势，应引起注意。

（一）为害特点 幼虫在叶片下表皮内串食，取食叶肉，通过叶片下表皮可以看到小堆黑色粪粒，叶正面呈黄绿色网眼状虫疤。一片叶有虫数头，虫斑数块，造成早期落叶。

（二）发生规律 一年发生5代，以蛹在被害落叶中越冬，4月中旬羽化结束，先在树冠下萌生的砧木叶片上产卵。幼虫孵化后，立即潜入叶表皮下为害，被害叶呈网状。老熟幼虫在被害部位化蛹，各代幼虫发生期大致如下：一代4月中下旬至5月上中旬，二代6月上中旬，三代7月上中旬，四代8月上中旬，五代9月中旬至10月。各代幼虫及越冬蛹（10月上旬以后的幼虫81.5%不能化蛹而冻死）历期均30天。

（三）防治方法

1. 清理果园，消灭在落叶中越冬的蛹。花前清除根颈部位的萌蘖。

2. 抓住关键时期用药。主要防治时期为：花前（4月中旬）、坐果后及7月上中旬。推荐使用药剂：1.8%阿维菌素4 000倍液，20%除虫脲悬浮液2 000～2 500倍液，20%灭幼脲1 500～2 000倍液等。

三、苹果卷叶蛾

（一）为害特点 苹果卷叶蛾是鳞翅目卷蛾科害虫，是当前生产上发生较为普遍的一种害虫，主要种类有顶梢卷叶蛾、小黄卷叶蛾、苹果大卷叶蛾、黄斑卷叶蛾、褐卷叶蛾、新褐卷叶蛾等。幼虫卷结嫩叶，潜伏在其中取食叶肉。低龄幼虫食害嫩叶、新芽，稍大一些的幼虫卷叶或平叠叶片或贴叶果面，取食叶肉使之呈纱网状和孔洞，并啃食贴叶果的果皮，呈不规则形凹疤，多雨时常腐烂脱落。

（二）发生规律 一年发生2～3代。以2～3龄幼虫在顶梢卷叶团内结虫苞越冬。萌芽时幼虫出蛰卷嫩叶为害，常食顶芽生长点。6月上旬幼虫老熟，在卷叶内作茧化蛹，6月中、下旬发蛾。

成虫白天潜藏叶背，略有趋光性。卵多散产于有茸毛的叶片背面。幼虫孵出后吐丝缀叶作苞，藏身其中，探身苞外取食嫩叶。7月是第一代幼虫为害盛期，第二代幼虫于10月以后进入越冬期。

（三）防治方法

1. 清理果园，清除果园落叶。生长季节剪除被害新梢。

2. 药剂防治：花前和花后可选用3%高氯甲维盐2 000倍液等。若卷叶蛾已卷叶，2%的高甲维盐1 000～1 500倍液效果较好。

四、桃小食心虫

（一）为害特点 桃小食心虫是我国苹果产区普遍发生的一种主要害虫，除为害苹果外，还为害梨、山楂、枣、桃等。以幼虫为害果实，被害果一般在幼虫蛀果后2～3天，从入果孔流出透明状水珠，俗称“流眼泪”，水珠不久干涸成一白点，随着果实的生长，入果孔愈合成一小黑点，周围皮略凹陷。幼虫入果后先在皮下潜食果肉，因而果面上出现凹凸不平的潜痕，俗称“猴头果”。幼虫在果内纵横串食，大约3龄达到果心，取食种子，粪便留在果内，使果实完全丧失经济价值。

（二）发生规律 桃小食心虫在我区一年发生2代，部分个体发生1代。以老熟幼虫在土壤中做扁圆形冬茧越冬，越冬幼虫在果园内的分布随地形、土壤而异。平地果园多集中在树冠下距树干30～100厘米的范围内，尤以树干基部背阴面3厘米深的土中最多。翌年5月中旬以后开始出土，出土盛期为6月上旬。幼虫出土后，先在地面爬行数小时，然后作纺锤形夏茧化蛹。从幼虫出土到成虫羽化需14～18天，越冬代成虫一般在6月中旬发生，白天不活动，晚间活动，交尾产卵。卵多产在果实萼洼处，幼虫孵化后在果面爬行约10分钟至数小时，然后寻找适当的部位蛀入果内进行为害。7月25日前脱果的幼虫继续发生第二代；8月下旬以后脱果的幼虫，全年只发生一代。

（三）防治方法

1. 地面施药 6月上中旬遇到较大的降雨，1～4天内为幼虫

出土盛期，此期可地面喷洒50%辛硫磷乳油200倍液，亩用药量500～750克，施药后浅锄、耙平。

2. 药剂防治　用性诱剂进行测报，当每天诱到的蛾子达到最多时为"蛾峰"期，此后3～7天为成虫产卵盛期，是树上喷药防治的关键时期。常用药剂有：30%桃小灵乳油1 500倍液，20%桃小立杀1 500倍液，48%乐斯本1 500倍液，40%毒死蜱1 500倍液等。

五、梨小食心虫

（一）为害特点　幼虫为害果多从萼、梗洼处蛀入，早期被害果蛀孔外有虫粪排出，晚期被害多无虫粪。幼虫蛀入直达果心，高湿情况下蛀孔周围常变黑腐烂渐扩大，俗称"黑膏药"。苹果蛀孔周围不变黑。蛀食桃、李、杏多为害果核附近果肉。为害嫩梢多从上部叶柄基部蛀入髓部，向下蛀至木质化处便转移，蛀孔流胶并有虫粪，被害嫩梢渐枯萎，俗称"折梢"。

（二）发生规律　烟台地区该虫每年发生3～4代，以老龄幼虫在树干老翘皮、树干根颈部及落叶杂草结成白茧越冬。越冬代成虫发生在4月下旬至6月中旬；第一代成虫发生在6月末至7月末；第二代成虫发生在8月初至9月中旬。第一代幼虫主要为害桃、李新梢，极少数为害果。第二代幼虫为害果增多，第三代为害果最重。

（三）防治方法

1. 梨小食心虫成虫对糖醋液和黑光灯有很强的趋性，可利用其趋化性和趋光性进行物理防治。

2. 药剂防治用30%桃小灵1 500倍液，48%乐斯本1 500倍液。

六、苹果黄蚜

（一）为害特点　苹果黄蚜的寄主植物很多，除为害苹果外还为害梨、桃、杏、樱桃、海棠、山楂等果树。以成虫和若虫群集为害新梢、嫩芽、叶片等。被害叶片的叶尖向叶背横卷。

（二）发生规律 苹果黄蚜一年发生十余代，以卵在小枝条芽痕或裂缝内越冬，至春季4月下旬芽萌发时开始孵化，5月上旬孵化结束。5月中、下旬至6月黄蚜繁殖最快，新梢停止生长后则不再为害。

（三）防治方法

1. 苹果黄蚜发生期用药剂防治，推荐使用10%吡虫啉2 000～4 000倍液，10%氯氰菊酯2 000倍液，10%三氟氯氰菊酯2 000倍液，5%啶虫脒2 500～3 000倍液等。

2. 5月上旬蚜虫发生期树干涂环，方法是在树干中部，将老皮刮去，以露出嫩皮为度，环宽度5～10厘米，然后涂刷3～5倍氧化乐果液，涂药后用报纸包扎。

七、苹果绵蚜

（一）为害特点 主要为害苹果，是近几年各苹果产区发生较重的一种害虫。以成、若虫群集在枝干的愈合伤口、新梢、叶腋及露出地表的根际处为害，严重时为害果实。被害枝干肿胀成瘤状突起，为害部多被有绵绒状物。

（二）发生规律 每年发生10余代，以若虫在老树皮中或近地表5～10厘米深靠近树干的土中越冬。早春出蛰为害，苹果初花期（4月下旬）孵化一龄若虫，至5月上旬进入普遍蔓延阶段，5月底为绵蚜再次迁移期，6月初为第三次迁移期，6月中旬一龄若蚜即可到达枝梢顶部为害。苹果绵蚜以早春发生最整齐，是防治的关键时期。

（三）防治方法

1. 刮除老翘皮，消灭越冬害虫。

2. 花前、花后及6月喷药防治，推荐使用药剂：48%的乐斯本1 500倍液，40%的毒死蜱1 500倍液，2%杀扑磷1 000倍液等。

八、绿盲蝽

（一）为害特点 属刺吸式口器害虫，以成虫和若虫刺吸苹果

树嫩芽、幼叶及幼果的汁液。幼嫩叶片受害后，先出现褐色小斑点，随后变黄枯萎，顶芽皱缩，抑制生长，展叶后常出现穿孔，破裂及皱缩变黄，严重时枯焦破裂脱落，光合作用受到严重影响，继而影响花芽分化，削弱苹果树势。幼果受害后，果面上出现数个凹陷的斑点。

（二）发生规律　一年发生5代，以卵在苹果枝条项芽鳞片内越冬，只有极少数卵产于枯枝落叶上。翌年4月中旬苹果萌芽时，越冬卵开始孵化。世代重叠现象严重，成虫飞翔能力强，昼伏夜出。

（三）防治方法

1. 花露红期喷布1.8%阿维菌素4 000倍液，或40%毒死蜱1 500倍液。

2. 谢花后喷布10%吡虫啉2 000倍液，40%高氯毒死蜱1 500倍液等。

九、大青叶蝉

（一）为害特点　大青叶蝉也称大绿浮尘子，在果园内及附近杂草多时，为害较重。该虫在果树生长期，并不直接取食苹果叶片和果实；而是在秋季天冷了以后，其成虫从果园内、外杂草上或附近蔬菜上，飞到苹果树枝上产卵。刺破表皮，形成月牙形伤口，将卵产在伤口内。被害后的苹果幼树枝干和大树枝条，布满虫伤，在冬春季易失水抽条，干枯死亡。

（二）发生规律　一年发生3代，以卵于果树枝条表皮下越冬。4月孵化，于杂草、农作物及蔬菜上为害，若虫期30～50天，第一代成虫发生期为5月下旬至7月上旬。各代发生期大体为：第一代4月上旬至7月上旬，成虫5月下旬开始出现；第二代6月上旬至8月中旬，成虫7月开始出现；第三代7月中旬至11月中旬，成虫9月开始出现。发生不整齐，世代重叠。成虫有趋光性，夏季颇强，晚秋不明显，可能是低温所致。成虫、若虫日夜均可活动取食，产卵于寄主植物茎秆、叶柄、主脉、枝条等组织内，以产卵器刺破表皮呈月牙形伤口，产卵6～12粒于其中，排列整齐，产卵处的植物表皮呈肾形凸起。每雌可产卵30～70粒，非越冬卵期9～15天，越冬卵期达5个月以上。前期主要为害农作物、蔬菜及杂草等植物，至9、10月农作物陆续收割、杂草枯萎，则集中于秋菜、冬麦等绿色植物上为害，10月中旬第三代成虫陆续转移到果树上产卵于枝干内，10月下旬为产卵盛期，直至秋后，以卵越冬。

（三）防治方法

1. 在秋季，要及时清除果园内及附近的杂草，切断大青叶蝉的食物链，可以明显减少该虫对果园的为害。

2. 药剂防治。晚秋10中下旬成虫产卵前，全园喷洒40%高氯毒死蜱1 500倍液，或48%乐斯本1 500倍液，对其进行毒杀和趋避。

十、叶螨类

当前生产上为害较严重的叶螨类害虫有3种，即山楂叶螨（山楂红蜘蛛）、苹果全爪螨（苹果红蜘蛛）和二斑叶螨（白蜘蛛）。

（一）为害特点

1. 山楂叶螨　主要为害苹果、梨、山楂、桃、杏等果树。以成、若螨刺吸叶片、嫩枝（芽）的汁液，造成叶片黄化、焦枯脱落。严重时吐丝拉网。

2. 苹果全爪螨　寄主植物与山楂叶螨相同。以幼螨、若螨和雄成螨在叶背活动取食，而雌成螨多在叶正面活动为害，一般不吐丝拉网。叶背受害症状不易识别，只残留幼、若螨的蜕皮，正面可见许多失绿斑点。

3. 二斑叶螨　食性较杂，除为害多种果树外，还为害农作物、蔬菜和杂草。以成、若螨吸食植物汁液，繁殖较快，抗药力较强。

（二）发生规律

1. 山楂叶螨　一年发生6～9代，以受精的雌成虫在树皮裂缝、根颈周围的土缝中越冬。苹果展叶至初花期为越冬成虫出蛰盛期，出蛰后为害嫩叶，7～8天开始产卵，盛花期后为产卵盛期，落花后一周卵基本全部孵化，同时出现第一代雌成虫。因此，在越

冬螨出蛰盛期和第一代卵孵化末期施药最为适宜。第二代卵在 5 月下旬开始孵化，卵期 4～5 天，6 月以后各代交错出现，7～8 月为猖獗为害期。

2. 苹果全爪螨　一年发生 7 代，以卵在短果枝、果台及芽旁茸毛内、二年生以上枝条上越冬。第二年越冬卵在苹果花蕾膨大期开始孵化，5 月上中旬为孵化盛期，第一代成螨最早于 5 月中旬产卵，卵多产于叶背主脉两侧，卵期 9～10 天，以后各代随气温升高卵期缩短为 6～7 天。第二代以后世代重叠，9～10 月开始越冬。

3. 二斑叶螨　一年发生 12 代，以受精雌成螨在树体根颈处、杂草根部、落叶、树体翘皮裂缝等处越冬。幼树以根颈周围土缝中为主，15 年生以上结果大树以翘皮裂缝中为主。树下越冬螨 3 月上旬开始出蛰，3 月下旬为出蛰盛期，先在宿根杂草上生活，4 月中下旬基本结束。产卵盛期即越冬代雌成螨出蛰盛期，一代卵孵化盛期在 4 月下旬，一代成螨在 5 月上旬发生，以后各代世代重叠，5 月前发生 3 代，10 月陆续进入滞育状态。

（三）防治方法

1. 防治适期　山楂叶螨和苹果全爪螨前期有两个防治适期，一是越冬基数高的果园，应在苹果展叶至初花期施药，因此时正值山楂叶螨雌成螨出蛰盛期，又是苹果全爪螨越冬卵孵化盛期，易于防治；二是落花后 7～10 天用药，防治山楂叶螨和苹果全爪螨第一代幼、若螨。除上述两个时期外，麦收前后应注意两种螨的发生发展情况，及时喷药防治，尤其是 7、8 月的猖獗为害时期。

2. 有效药剂

（1）山楂叶螨和苹果全爪螨，若螨发生期喷布 20%的速螨酮 4 000倍液，15%的哒螨灵（扫螨净）2 000 倍液，24%螨危 5 000 倍液，25%三唑锡可湿性粉剂 2 000 倍液等。

（2）谢花后 20%螨死净 2 000 倍液，20%的四螨嗪 2 000 倍液等。

（3）二斑叶螨的有效药剂有：1.8%的阿维菌素 4 000 倍液加炔螨特 2 000 倍液等。

第五节　苹果病虫害预测预报与防治方法

一、病虫害预测预报

果树病虫害的预测预报就是根据病虫害的生活习性和发生规律，分析其发生趋势，预先推测出防治的有利时机，及时采取有效的防治措施，达到控制病虫为害和保护果树的目的。只有搞好病虫害的预测预报，才能掌握防治工作的主动权，减少打药次数，降低成本，提高防治效果。

果树害虫的预测预报主要包括两方面的内容：发生期的预测预报和发生量的预测预报。

（一）发生期的预测预报　害虫有各种趋性，例如蛾类害虫有趋光性，利用黑光灯可以诱集它们，根据每天捕捉的虫量，可以预报成虫出现的时期，从而推测成虫产卵的高峰期和幼虫为害时期，为大面积害虫的防治提供依据。梨小食心虫对糖醋液有趋化性，桃小食心虫对性外激素有趋性，可以利用害虫的这些习性，进行诱捕。

利用果树生长的物候期也可以进行预报。果树害虫的发生往往和果树生长发育的不同物候期（如萌芽、展叶、开花、坐果、果实膨大等）有密切的相关性。因此，利用物候期可以预测害虫的发生。

（二）发生量的预测预报　根据气候条件的变化，可以预测果树病虫害的发生。如多雨的年份，红蜘蛛的发生较轻，而干旱年份，红蜘蛛发生十分猖獗。夏季连阴雨天气造成的高温高湿条件，有利于褐斑病等病害的发生，在连阴雨后，即可以开始对此病的防治。通过害虫的分布和密度的调查，了解虫口基数，如山楂红蜘蛛成虫出蛰期，每个花芽有 2 个以上的虫口时，可以发出预报，进行防治。

二、病虫害的防治方法

（一）植物检疫　在自然情况下，病、虫、杂草等的分布虽然可以通过气流等自然动力和自身活动扩散，不断扩大其分布范围，但这种能力是有限的。再加上有高山、海洋、沙漠等天然障碍的阻

隔，病、虫、杂草的分布有一定的地域局限性。但是，一旦借助人为因素的传播，就可以附着在种子、果实、苗木、接穗、插条及其他植物产品上跨越这些天然屏障，由一个国家或地区传到另一个国家或地区。当这些病菌、害虫及杂草离开了原产地到达一个新地区以后，原来制约病虫害发生发展的一些环境因素被打破，条件适宜时，就会迅速扩展蔓延，猖獗成灾。

植物检疫就是根据国家颁布的法令，设立专门机构，对国外输入和国内输出，以及在国内地区之间调运的种子、苗木及农产品等进行检疫，禁止或限制危险性病、虫、杂草的输入或输出，或者在传入以后限制其传播，严密封锁和就地消灭新发现的检疫性病虫害。其目的就是防止危险性病虫害人为地传播到非疫区，对当地的果树生产造成重大为害。

果树栽培上，从外地购入苗木和种子时一定要了解苗木或种子生产地有无国家规定的检疫对象，如果有检疫对象就要严格控制苗木和种子的调运。

（二）农业防治　农业技术防治措施就是通过改进栽培技术措施和科学管理，改善环境条件使之有利于寄主植物生长，增强植物对病虫害的抵抗能力，而不利于病虫害的发生，从而达到病虫害防治的目的。这种方法不需要额外的投资，而且还有预防作用，可长期控制病虫害，因而是最基本的防治方法。但这种方法也有一定的局限性，病虫害大发生时必须依靠其他防治措施。

1. 选用抗性品种　植物对病虫害有一定的抵抗能力，利用作物的抗病、虫特性是防治病虫害最经济、最有效的方法。农业植物种质资源丰富，为抗性品种的培育提供了大量备选材料。

2. 培育健壮苗木　选择环境条件适宜、无病虫为害的场所作为育苗基地，通过组织培养脱毒，建立脱毒接穗采穗圃，从无病植株上采集接穗等方式，培养健壮苗木。

3. 栽培管理措施

（1）合理轮作、间作　连作会加重植物病害的发生，老果园改建时，最好采用轮作的方式，即老果园伐除后，不要马上建园，可以改种农作物，3～5 年后再进行建园。建园时必须要做好土壤消毒处理，保证树体长势。

（2）合理配置树种　有些植物病虫害必须有转主寄主植物存在才能发生流行，比如苹果赤星病，其转主寄主为桧柏类植物，建园时应选择无桧柏类植物存在的场所，园地周围也不要栽植此类植物。苹果轮纹病与杨树溃疡病病菌可以共生，导致轮纹病发生严重，果园周围不要栽植杨树等。

（3）加强栽培管理　合理施肥，增施有机肥和中、微量元素肥料，改善根系生长的环境条件，促进根系健壮生长，确保营养吸收平衡，培育健壮的树体，可有效增强树体的抗病能力，减少病虫害的发生和为害。

（4）冬季深翻　结合深耕施肥，可将表土或落叶层中的越冬病菌、害虫冻死。

（5）合理修剪　通过修剪，改善果园的通风透光条件，减少病虫害的发生和为害。

（三）物理机械防治　利用各种简单的机械和各种物理因素来防治病虫害的方法称为物理机械防治法。这种方法既包括古老、简单的人工捕杀，也包括近代物理新技术的应用。主要有：

1. 捕杀法　即利用人工或各种简单的机械捕捉或直接消灭害虫的方法称捕杀法。优点是不污染环境，不伤害天敌，不需要额外投资，便于开展群众性的防治。特别是在劳动力充足的条件下，更易实施。

2. 阻隔法　人为设置各种障碍，以切断病虫害的侵害途径。包括纱网阻隔、涂保护环阻隔、覆盖阻隔等。

3. 诱杀法　利用害虫的趋性，人为设置器械或诱物来诱杀害虫的方法称为诱杀法。利用此法还可以预测害虫的发生动态。包括灯光诱杀，如黑光灯、频振式杀虫灯等；食物诱杀，如糖醋液等；潜所诱杀，即利用害虫在某一时期喜欢某一特殊环境的习性，人为设置类似的环境来诱杀害虫的方法称为潜所诱杀，如在树干基部绑扎草把或麻布片，可引诱某些蛾类幼虫前来越冬等；色板诱杀，如

粘虫板等。

（四）生物防治 生物防治就是利用有益生物或生物的代谢产物来防治病虫害的方法。在自然界中，生物与生物之间存在着相互制约的关系。为害农作物的病虫种类尽管很多，但真正造成严重危害的种类并不多，大多都受到自然因子的控制，其中最重要的自然控制因子就是天敌。天敌依靠病虫提供营养，从而抑制了病虫数量的增长，同时病虫数量的减少又制约了天敌数量的进一步增长，天敌数量的减少又使得病虫数量逐渐恢复，天敌数量也不断增加，这样使得病虫和天敌的种群数量一直处于一种动态平衡之中，天敌和病虫之间的这种相互促进、相互制约的食物链关系，这使得病虫种群在自然状态下一直处于一种较低的水平。在生物防治中，人们充分利用天敌来加强对病虫害的防治，其优点是不污染环境，病虫害不易产生抗性，而且还有持久控制病虫的作用。其不足就是控制效果往往有些滞后，在病虫大量发生或暴发时，还必须辅助于其他防治方法。

生物防治一般包括天敌昆虫的利用、微生物的利用等。

1. 天敌昆虫的利用 天敌昆虫按取食方式可分为捕食性天敌昆虫和寄生性天敌昆虫两大类。

捕食性昆虫可直接杀死害虫，种类很多，分属18个目、近200个科，常见的有蜻蜓、螳螂、猎蝽、花蝽、草蛉、步甲、瓢虫、食虫虻、食蚜蝇、胡蜂、泥蜂、蚂蚁等，其中又以瓢虫、草蛉、食蚜蝇等最为重要。一般捕食性昆虫食量都较大，如大草蛉一生捕食蚜虫可达1 000多头，而七星瓢虫成虫一天就可捕食100多头蚜虫。另外，在自然界中，还有少数的天敌，取食病菌的孢子。

寄生性天敌昆虫不直接杀死害虫，而是寄生在害虫体内，以害虫的体液和组织为食，害虫不会马上死亡，当天敌长大后，害虫才逐渐死亡。寄生性昆虫分属5个目、近90个科，常见的有赤眼蜂、姬蜂、茧蜂、小蜂等膜翅目寄生蜂和双翅目的寄生蝇。

在农业生产中，天敌昆虫主要利用途径有：

（1）保护和利用本地天敌　通过采用生草栽培、减少化学农药使用量等，改善果园生态环境条件，为天敌创造一个良好的生育环境。

（2）人工大量繁殖和释放天敌　通过人工大量繁殖，可在较短时间内获得大量的天敌昆虫，在适宜的时间释放到田间，补充天敌的数量，可达到控制害虫的目的，而且收效快。

（3）天敌的助迁　就是从附近农田或绿地，人工采集目标害虫天敌的各种虫态，移放到果园内，以补充天敌数量的不足，达到控制害虫的目的。

2. 病原微生物的利用　利用病原微生物防治病虫害的方法称为微生物防治法。微生物防治法具有对人畜安全，并具有选择性，不杀伤害虫天敌等优点。

（1）以细菌治虫　如芽孢杆菌属的苏云金杆菌。

（2）以真菌治虫　如白僵菌、绿僵菌等。

（3）以病毒治虫　昆虫病毒的专化性极强，一般一种病毒只感染一种昆虫，只有极个别种类可感染几种近缘昆虫。感染昆虫的病毒不感染人类、高等动植物及其他有益生物，因此使用时比较安全。

（4）以线虫治虫　昆虫线虫是一类寄生于昆虫体内的微小动物，属线形动物门。能随水膜运动寻找寄主昆虫，从昆虫的自然孔口或节间膜侵入昆虫体内。昆虫线虫不仅直接寄生害虫，而且可携带和传播对昆虫有致病作用的嗜虫杆菌。此杆菌可在虫体内产生毒素，杀死害虫。

（5）以菌治病　微生物种类众多，其中放线菌、真菌和细菌都可应用于植物病害的生物防治。如生产上常用的抗生菌类药剂等。

另外，还有以蛙类治虫、以鸟类治虫等。

（五）化学防治　化学防治是指利用化学农药防治病虫害的方法，这种方法又称为植物化学保护。

1. 化学防治的重要性　化学防治的重要性主要体现在以下几个方面：一是运用合理的化学防治法，对农业增产效果显著。二是

缺乏很多有效、可靠的非化学控制法。如生产技术的作用常是有限的；抗性品种还不很普遍；有效的生物控制技术多数还处在试验阶段，有的虽然表现出很有希望，但实际效果有时还不稳定等。三是化学防治有其他防治措施所无法代替的特点。

2. 化学防治的优点　概括起来，化学防治的优点有以下几个方面。

（1）防治对象广　几乎所有植物病虫害均可采用化学农药防治。

（2）见效快，效果好　既可在病虫发生前作为预防性措施，以避免或减少为害，又可在病虫发生之后作为急救措施，迅速消除为害，尤其对暴发性害虫，若施用得当，可收到立竿见影的效果。

（3）使用方法简便灵活　许多化学农药都可兑水直接喷雾，并可根据不同防治对象改变使用浓度，使用简便灵活。

（4）成本较低　化学农药可以工厂化生产，大量供应，适于机械化作业，成本低廉。

3. 化学防治的缺点

（1）引起病虫产生抗药性　抗药性是指害虫或病菌具有忍受农药常规用量的一种能力。很多病虫一旦对农药产生抗性，则这种抗性很难消失。许多害虫和害螨对农药还会发生交互抗性。

（2）杀害有益生物，破坏生态平衡　化学防治虽然能有效地控制病虫的为害，但也杀伤了大量的有益生物，改变了生物群落结构，破坏了生态平衡，常会使一些原来不重要的病虫上升为主要病虫，还会使一些原来已被控制的重要害虫因抗药性的产生而形成害虫再猖獗的现象。

（3）污染环境，为害人体健康　长期使用化学农药能造成环境污染，而且还通过生物富集，造成食品及人体的农药残留，严重地威胁着人体健康。

（4）化学防治成本上升　由于病虫抗药性的增强，使农药的使用量、使用浓度和使用次数增加，而防治效果往往很低，从而使化学防治的成本大幅度上升。

第六节　频振式杀虫灯的应用技术

一、工作原理

频振式杀虫灯是利用害虫的趋光特性，选用对害虫有极强引诱作用的光源和波长、波段，并通过频振高压电网杀死害虫的一种先进实用灯具。其选用避天敌趋性的光源和波长、波段，对天敌杀伤力小。频振式杀虫灯有效控制面积为30～50亩，每亩投入成本低，而且一次投资多年使用，是采用物理方法防治果树害虫和大田害虫的植保先进实用技术，可大大减少用药种类及数量，降低环境污染，提高生产效益。

二、使用方法

1. 频振式杀虫灯布局的方法　一是棋盘状布局。一般在实际安装过程中，棋盘状分布较为普通，因其在野外顺杆跑线，再进行分线布灯，便于维护、维修。为减少使用盲区，安装时还应呈梅花状错开。二是闭环布局。主要是针对某块危害严重的区域以防止虫害外延。无论采用哪种方法，都要以单灯辐射半径80～100米来安装，以达到节能治虫的目的，将灯吊挂在高于作物的牢固物体上，接通交流电源放置在害虫防治区域。

2. 架线　根据所购杀虫灯的类型，选择好电源和电源线，然后顺杆架设电线，线杆位置最好与灯的布局位置相符。没有线杆的地方，可用长2.5米以上木杆或水泥杆，按杀虫灯布局图分配好，挖坑埋紧，然后架线，绝不随地拉线，防止发生事故。

3. 电源要求　每盏灯的电压波动范围要求在±5%之内，过高或过低都会使灯管不能正常工作，甚至造成毁坏。如果使用的电压为220伏，离变压器较远，且当每条线路的灯数又较多时，为防止电压波动，最好采用三相四线，把线路中的灯平均接到各条相线上，使每盏灯都能保证在正常电压下启动工作。另外，需要安装总路闸刀，可以方便挂灯、灯具维修以及根据需要开关

灯具。

4. 挂灯 在架灯处竖两根木桩和一根横杆，用铁丝把灯上端的吊环固定在横杆上。也可以用固定的三脚架挂灯，这样会更加牢实，挂灯高度以1.2～1.5米为宜。对于有林带相隔的农田，应在接近林带的地边布灯，同时也要适当提高这些灯的架灯高度，以便诱杀田外的害虫。为防止刮风时灯具来回摆动和损坏，应用铁丝将灯具拴牢拉紧于两桩上或三角支架上，然后接线。接线口一定要用绝缘布严密包扎，避免漏电发生意外事故。在用铜铝线对接时要特别注意，防止线杆受潮氧化，导致接触不良而不能正常工作。频振式杀虫灯安装完毕后，要保存好包装箱，以备冬季或变更布灯位置时收灯装箱使用。

5. 管理与使用 频振式杀虫灯宜以村为单位安装，并进行集中管理和使用，每村应安排一名专职灯具管理员，具体负责灯具电源开关、灯具保管、灯具虫袋清理、粉管电网虫源清除等工作。频振式杀虫灯使用时间为全年5～10月，每天19～24时。

三、频振式杀虫灯诱杀害虫效果

该灯诱杀的害虫种类多、数量大，能大幅度降低害虫落卵量，压低虫口基数和密度，而且节能省电、成本低，保护天敌，减少化学农药的使用量，延缓害虫抗药性的发生，对人畜无害，减少环境污染，维护自然生态平衡。该灯诱捕的害虫没有农药和化学试剂的污染，是家禽、鱼、蛙等动物最优质的天然饲料。可广泛用于农业、果园、森林、蔬菜、园艺、烟草、仓储、酒业酿造、城镇绿化、水产养殖等产业。

根据已经安装的杀虫灯试验区进行定点调查和统计，频振式杀虫灯可诱杀昆虫11目48科116种以上。每台频振式杀虫灯5～9月5个月开灯期可诱杀4.5万头昆虫以上，其中害虫占99.31%、益虫占0.69%，益害比为1∶143.1。频振式杀虫灯有效覆盖面积内每亩果园每年可减少使用2～3遍杀虫剂。充分表明频振灯杀虫效果好，对益虫较安全，不影响果园昆虫的生态平衡。

四、频振式杀虫灯应用前景

通过诱杀苹果园害虫，可以起到控制虫害、节省农药资源、减少环境污染、维护自然生态平衡、保护生态环境、提升果品质量、关注民生的作用，应用前景非常广阔。

第七节　常见农药及作用特点

一、主要杀菌剂

（一）农用抗菌素类

1. 农抗 120

［作用特点］农抗 120 为嘧啶核苷类抗菌素，是一种高效、广谱、内吸强、缓抗性、无公害、毒性低杀菌剂。外观为白色粉末，易溶于水，不溶于有机溶剂，在酸性和中性介质中稳定，在碱性介质中不稳定，易分解失效。其抗病谱广，进入植物体内后，可以直接阻碍病原菌蛋白质的合成，导致病菌的死亡，达到抗病的目的。它对作物有保护和治疗双重作用，提高作物的抗病能力和免疫能力，它的保护、预防作用，优于治疗、杀灭作用。

［防治对象］主要是土壤传染、气流传染和茎干腐烂三大类作物病害，如真菌引起的枯萎、白绢、立枯、纹枯、茎枯、茎腐、根腐等，尤其适用苹果、葡萄、草莓等水果类。

［注意事项］

①不可与波尔多液等碱性农药、化肥、激素混配混用。

②由于农抗 120 的预防保护作用优于治疗杀灭作用，应着重用于预防性的应用。

③用于灌根以天晴少雨、土壤干燥效果最好；田间渍水、土壤湿度大，效果差。

④苹果某些品种的幼果期对农抗 120 较敏感，慎用。

2. 多抗霉素

［作用特点］多抗霉素是肽嘧啶核苷类抗生素，广谱性强，有

较好的内吸传导作用。其作用机理是干扰病菌细胞壁几丁质的生物合成，芽管和菌丝接触药剂后，局部膨大、破裂，溢出细胞内含物，而不能正常发育，导致死亡。多抗霉素易溶于水，不溶于甲醇、丙酮等有机溶剂，对紫外线及在酸性和中性溶液中稳定，在碱性溶液中不稳定，常温下贮存稳定。对高等动物低毒，对鱼、蜜蜂低毒。

[防治对象] 苹果斑点落叶病、霉心病、黑点病、红点病等。

[注意事项] 不能与碱性农药混用，以免分解失效。

3. 农用链霉素

[作用特点] 原药为白色无定形粉末状物，有吸湿性，易溶于水，对光稳定，在浓酸和浓碱条件下易分解。链霉素是放线菌产生的代谢产物，具有内吸杀菌作用，对细菌病害有较好的防治效果。

[防治对象] 可防治多种植物细菌和真菌性病害。

[注意事项]

①不能与生物药剂，如杀虫杆菌、青虫菌、7210 等混合使用。

②使用浓度一般不超过 220 毫克/千克，以防产生药害。

4. 井冈霉素

[作用特点] 井冈霉素是一种放线菌产生的抗生素，具有较强的内吸性，易被菌体细胞吸收并在其内迅速传导，干扰和抑制菌体细胞生长和发育，兼具保护和治疗作用。

[防治对象] 苹果、梨轮纹病、桃褐斑病和缩叶病等。

[注意事项]

①可与除碱以外的多种农药混用。

②保质期内粉剂如有吸潮结块现象，溶解后不影响药效。

5. 中生菌素

[作用特点] 中生菌素是一种新型农用抗生素，属杀菌谱较广的保护性杀菌剂，具有触杀、渗透作用。中生菌素对农作物的细菌性病害及部分真菌性病害具有很高的活性，同时具有一定的增产作用。使用安全，可在苹果花期使用。与代森锰锌等药剂混合使用，增效作用明显。

[防治对象] 蔬菜及核果类细菌性病害，苹果轮纹病、炭疽病、

斑点落叶病、霉心病等。

[注意事项] 本剂不可与碱性农药混用。

(二) 无机类杀菌剂

1. 石硫合剂

[作用特点] 石硫合剂，是由生石灰、硫黄加水熬制而成的红褐色透明液体。有臭鸡蛋味，呈强碱性，工业品为固体，主要成分为五硫化钙。

[防治对象] 苹果白粉病、锈病，梨黑星病，桃、李、杏细菌性穿孔病等。对介壳虫及螨类有效。

石硫合剂的熬制

(1) 传统方法　生石灰 1 份，硫黄 2 份，水 10 份，锅中加水，做好记号，烧开，然后加入生石灰，烧开，再加入用水调成糊状的硫黄，文火烧 45～60 分钟，要不停地搅拌，注意加水，始终保持开始时的水位，待药液由黄变成红棕色时停火，滤去渣滓即成石硫合剂原液。

(2) 快速熬制　生石灰 1 份、硫黄 1.7 份、水 11 份，洗衣粉为 0.2%～0.3%。水加热 40～50℃（烫手）加入硫黄，再加入洗衣粉，边加边搅拌，继续加热至 80～90℃（响锅），加入生石灰，搅拌，小火加热约 13 分钟即可。

石硫合剂的使用　用波美比重计测出原液的浓度，然后再稀释成使用浓度。计算方法为：

加水斤*数 =（原液浓度 − 使用浓度）/ 使用浓度

[注意事项]

①不能与忌碱性的农药混用，且忌与波尔多液、铜制剂等碱性农药混用。

②一般在果树发芽前使用，生长期使用应降低浓度。

2. 波尔多液

[作用特点] 波尔多液为保护性杀菌剂，有效成分为碱式硫酸

---

* 斤为非法定计量单位，1 斤 = 0.5 千克。

铜。通过释放可溶性铜离子而抑制病原菌孢子萌发或菌丝生长。在酸性条件下，铜离子大量释出时也能凝固病原菌的细胞原生质而起杀菌作用。其黏附力强，耐雨水冲刷，在烟台地区 7、8 月涝雨季节，空气湿度相对较高的情况下施用，药效好，持效期长。

［防治对象］波尔多液能有效防治轮纹病、炭疽病、斑点落叶病、褐斑病等多种真菌性病害，对细菌性病害也有较好的防治效果。按 1∶2∶50 倍液制成波尔多浆冬季涂干，防病防冻害。

［注意事项］

①要掌握正确的配制方法。

一是稀硫酸铜液注入浓石灰乳配置法：以 10％～20％的水配制石灰乳液，充分溶解过滤备用；以 80％～90％的水配制硫酸铜液，充分溶解备用。将硫酸铜液缓慢倒入石灰乳液中，边倒边搅。绝不可将石灰乳液倒入硫酸铜溶液中，否则配制成的药液悬浮性差，会产生络合物沉淀，降低药效，且易发生药害。

二是两液对等配置法：分别以 50％的水溶解硫酸铜和生石灰，再将溶解好的硫酸铜液、石灰乳液同时慢慢倒入同一个容器中，边倒边搅拌。

②波尔多液要随配随用，当天配的药液宜当天用完，不宜久存，不能过夜，也不能稀释。配制波尔多液不宜用金属器具，尤其不能用铁器，以防发生化学反应降低药效。

③适时安全喷药。不宜在阴湿和露水未干时喷药，易使铜离子快速释放，渗入植物体内引起药害。盛夏高温时喷布可能会破坏树体水分平衡，引起植株失水。

④不同作物对波尔多液的反应不同，使用时要注意硫酸铜和石灰对作物的安全性。

（三）有机硫、有机磷类杀菌剂

1. 代森锰锌

［作用特点］代森锰锌是一种优良的保护性杀菌剂，属低毒农药。其杀菌范围广，不易产生抗性，与内吸性杀菌剂混用，能扩大

杀菌谱，生产上一直被广泛使用。锰、锌微量元素对作物有促壮、增产作用。

[防治对象] 梨黑星病，苹果斑点落叶病、锈病、轮纹病等。

[注意事项] 可与多种农药、化肥混合使用，不能与碱性农药、化肥和含铜的溶液混用。

2. 丙森锌

[作用特点] 丙森锌是一种高效、低毒、广谱性的有机硫杀菌剂，作用机理与代森锰锌相同，都是抑制病原菌体内丙酮酸的氧化，是兼备速效与持效作用的保护性杀菌剂。

[防治对象] 梨黑星病，苹果斑点落叶病、褐斑病、轮纹病等。

[注意事项] 不可与铜制剂、碱性药剂混用。

3. 三乙膦酸铝

[作用特点] 三乙膦酸铝是一种有机磷类高效、广谱、内吸性低毒杀菌剂，具有治疗和保护作用。在植物体内可以上、下双向传导。该药水溶性好，内吸渗透性强，持效期长达20天以上，使用安全。

[防治对象] 对霜霉属、疫霉属真菌引起的病害有良好的防效。

[注意事项] 勿与酸性、碱性农药混用，以免分解失效。与多菌灵、福美双、代森锰锌等混配混用，可提高防效，扩大防治范围。

（四）有机杂环类

1. 多菌灵

[作用特点] 多菌灵是一种高效、低毒、广谱的内吸性杀菌剂，具有保护和治疗作用，持效期长，有明显的向顶输导性能，对许多真菌病害有效，主要作用机制是干扰病菌的有丝分裂。

[防治对象] 苹果、梨轮纹病、炭疽病，苹果紫纹羽病、白纹羽病等。

[注意事项] 不能与强碱性药物及铜制剂混用。长期单一使用易产生抗药性。

2. 甲基硫菌灵

[作用特点] 是一种高效、低毒、广谱内吸性杀菌剂，具有保护治疗作用，主要向顶部传导，内吸作用比多菌灵强，能防治多种

真菌病害。其作用机理是喷于植物表面，被吸收后经植物体生化反应，转变成多菌灵，干扰菌体的有丝分裂。

［防治对象］果树轮纹病、炭疽病、黑星病、白粉病、褐斑病等。

［注意事项］连续使用易产生抗药性，应考虑与其他药剂轮换或混合使用，但不宜与多菌灵轮换使用，忌与碱性药剂混用。

3. 异菌脲

［作用特点］异菌脲是一种保护性广谱型杀菌剂，它既可抑制真菌孢子的萌发及产生，也可控制菌丝体的生长，可以防治对苯并咪唑类产生抗性的真菌性病害，是综合治理中较为理想的药剂。

［防治对象］对苹果斑点落叶病防效好，兼治轮纹病。

［注意事项］忌与碱性药剂混用。

4. 三唑类杀菌剂

［作用特点］果树生产中常用的三唑类杀菌剂有三唑酮、烯唑醇、腈菌唑、苯醚甲环唑、己唑醇、戊唑醇、丙环唑、氟硅唑等多种菌剂。三唑类杀菌剂具有高效、广谱、残效期长、内吸性强等特点，兼有保护、治疗和铲除作用，施药量低，使用方便。其作用机理是破坏和阻止病菌细胞膜的重要组成成分麦角甾醇的生物合成，导致细胞膜不能形成，阻碍菌丝的生长发育，使病菌死亡。

［防治对象］三唑类杀菌剂可以有效防治果树黑星病、锈病、白粉病、褐斑病、斑点落叶病、轮纹病、炭疽病、疫病等病害。生产中通常应用三唑酮防治白粉病、锈病；戊唑醇防治褐斑病、斑点落叶病、黑星病；腈菌唑防治白粉病、黑星病；丙环唑防治葡萄白粉病、炭疽病；氟硅唑防治梨黑星病、苹果轮纹病、褐斑病；苯醚甲环唑防治梨黑星病、锈病、苹果斑点落叶病等效果显著。

［注意事项］应与其他杀菌剂交替使用。对瓜类较敏感，幼苗期慎用。

（五）甲氧丙烯酸酯类杀菌剂　代表品种有嘧菌酯、肟菌酯、醚菌酯等。

［作用特点］此类杀菌剂为目前世界上最先进的杀菌成分，杀

菌活性高，内吸性强，持效期长，具有治疗和铲除作用。能够抑制病菌的呼吸作用，使孢子萌发、菌丝生长受到抑制，可用于防治对其他杀菌剂产生抗性的菌株，与三唑类、苯并咪唑类杀菌剂无交互抗性。

[防治对象] 杀菌谱非常广，主要针对褐斑病、斑点落叶病等早期落叶病。

[注意事项] 忌与碱性农药混用。应与其他杀菌剂轮换使用。

（六）复配杀菌剂 为了扩大杀菌谱，提高药剂防效，农药厂家通常将两种或两种以上的杀菌剂复配加工，效果更好。常用的复配杀菌剂有：

多菌灵·井冈霉素（多井）；多菌灵·代森锰锌（多锰锌）；福美双·多菌灵（多福）；腈菌唑·代森锰锌（仙生）；乙膦铝·代森锰锌（乙生）；吡唑醚菌酯·代森联（百泰）；苯醚甲环唑·嘧菌酯（阿米妙收）；肟菌酯·戊唑醇（拿敌稳）等。

二、主要杀虫杀螨剂

（一）有机磷类

1. 辛硫磷

[作用特点] 辛硫磷是一种高效低毒杀虫剂，以触杀和胃毒作用为主，无内吸作用，但有一定的熏蒸作用和渗透性。杀虫机理是抑制胆碱酯酶的活性，使害虫中毒死亡。

[使用方法] 辛硫磷广泛用于防治多种果树上的鳞翅目害虫的幼虫。防治桃小食心虫，在越冬幼虫出土前，每亩用50%辛硫磷乳油200倍液喷洒地面。用800倍液喷雾可防治果树蚜虫、卷叶虫、叶蝉等害虫。

[注意事项]

①辛硫磷易光解失效，应避光保存。不宜与碱性农药混用。

②解毒治疗以阿托品类为主。

2. 毒死蜱

[作用特点] 毒死蜱具胃毒和触杀作用，也有较强的熏蒸作用，

杀虫谱广。在叶片上残效期短，在土壤中稳定，半衰期达 68 天。在土壤中不断挥发，是防治地下害虫的有效药剂。

[使用方法] 40%乳油 1 000 倍液喷雾，防治苹果绵蚜效果良好。400 倍液喷洒地面，防止桃小幼虫出土；也可在桃小成虫产卵盛期，喷布 1 500 倍液防治。在若虫发生盛期，800 倍液喷雾，防治桑白蚧、球坚蚧等介壳虫。

[注意事项] 不宜与碱性农药混用。

3. 马拉硫磷

[作用特点] 有强烈的触杀和胃毒作用，也有一定的熏蒸作用。速效性好，可渗透到植物组织内。气温低时，杀虫效果差。

[使用方法] 对果树上鳞翅目、同翅目、半翅目等多种害虫有较好的防治效果，对钻蛀性害虫和地下害虫防效差。与菊酯类杀虫剂混用，有增效作用，对食心虫和卷叶虫防效良好，且残效期长。

常用杀虫剂桃小灵即马拉硫磷与氰戊菊酯的复配剂，效果很好。

[注意事项]

①易燃，运输和贮存时注意烟火。

②不能与碱性或强酸性物质混用。

4. 氧乐果

[作用特点] 是一种高效杀虫杀螨剂，属高毒农药。对害虫、害螨有强烈的触杀、内吸和胃毒作用。其药效受温度的影响较小，在低温时仍有良好的防治效果，作用机制是抑制昆虫胆碱酯酶活性。

[使用方法] 用 40%氧乐果乳油 600～800 倍液喷雾，可防治蚜虫、叶螨、介壳虫等害虫。蚜虫发生始期，氧乐果 10 倍液涂干，可防治苹果绵蚜等多种刺吸式口器害虫。

[注意事项]

①属高毒农药，应严格遵守安全操作规程。

②对桃、杏、枣易产生药害，不宜使用。

(二) 拟除虫菊酯类　常用品种有氰戊菊酯（速灭杀丁）、甲氰菊酯（灭扫利）、溴氰菊酯（敌杀死）、氯氰菊酯（灭百可）、三氟氯氰菊酯（功夫）、联苯菊酯（天王星）等。

[**作用特点**] 拟除虫菊酯类杀虫剂是一种高效低毒的杀虫剂，对害虫有很强的触杀和胃毒作用，无内吸和熏蒸作用，杀虫谱广，残效期长，作用迅速，击倒性快，杀卵效果差。氰戊菊酯、甲氰菊酯和联苯菊酯都具有一定的杀螨活性，但不能作为专用杀螨剂应用。

[**使用方法**] 菊酯类杀虫剂对鳞翅目、同翅目、半翅目及双翅目害虫均有效，生产上通常与有机磷类农药混用，加强防效。

[**注意事项**] 易产生抗药性，不能连续使用。

(三) 昆虫生长调节剂类　常用品种有除虫脲、灭幼脲、杀铃脲、氟铃脲等。

[**作用特点**] 脲类杀虫剂作用机理是抑制昆虫体内几丁质的合成，杀灭幼虫和卵，对成虫无杀伤力，但有不育作用。该类药剂作用缓慢，幼虫中毒后3～5天才死亡。

[**使用方法**] 脲类杀虫剂对棉铃虫、金纹细蛾、食心虫、卷叶虫及毛虫类均有显著杀灭效果，但对蚜、螨、蝉、飞虱类害虫无效。

[**注意事项**] 勿与碱性农药混用。

(四) 硝基亚甲基类　常用品种吡虫啉。

[**作用特点**] 主要作用于昆虫的烟酸乙酰胆碱酯酶受体，具有优良的内吸杀虫作用，用于防治刺吸式口器害虫，对螨类和线虫无效。

[**使用方法**] 防治苹果黄蚜、桃蚜、粉虱、叶蝉、绿盲蝽类效果好。

[**注意事项**] 近几年苹果黄蚜抗药性明显增强。

(五) 烟酰亚胺类　常用品种啶虫脒。

[**作用特点**] 具有触杀和胃毒作用，内吸活性强，速效性好，持效期长。烟酰亚胺类是在硝基亚甲基类基础上合成的杀虫剂，杀

虫谱比吡虫啉更广。其作用机理是干扰昆虫内神经传导作用，抑制乙酰胆碱受体的活性。

［使用方法］可有效防治苹果黄蚜、桃蚜、粉虱、叶蝉、绿盲蝽类刺吸式口器害虫。

［注意事项］高温季节效果好，低温时效果差，使用时注意。

（六）微生物源类

1. 苏云金杆菌

［作用特点］杀虫有效成分是细菌毒素和芽孢，对害虫具有胃毒作用。害虫取食后，由于毒素的作用，停止取食，同时芽孢在虫体内萌发并大量繁殖，导致害虫死亡。

［使用方法］用于防治果树上多种鳞翅目害虫的幼虫。

［注意事项］

①气温在30℃以上使用效果好。

②不能与杀菌剂和内吸性有机磷类杀虫剂混用。

2. 阿维菌素

［作用特点］是一种广泛使用的抗生素类杀虫、杀螨、杀线虫剂，主要干扰害虫神经生理活动，使其麻痹中毒死亡。具有触杀和胃毒作用，杀虫杀螨活性高，并有微弱的熏蒸作用，对卵基本无效。与有机磷、氨基甲酸酯、拟除虫菊酯类农药无交互抗性。

［使用方法］用于防治二斑叶螨、金纹细蛾、梨木虱效果突出。生产上通常与其他杀虫杀螨剂混用，加强防治效果，扩大杀虫谱。

［注意事项］杀虫杀螨速度慢，喷药后3天出现死亡高峰。

3. 甲氨基阿维菌素苯甲酸盐

［作用特点］是从发酵产品阿维菌素B1开始合成的一种新型高效半合成抗生素杀虫剂，具有超高效、低毒、低残留、无公害等生物农药的特点。既有胃毒作用，又有触杀作用，对鳞翅目昆虫的幼虫和其他许多害虫的活性极高。在防治害虫的过程中对益虫没有伤害。

［使用方法］对很多害虫具有其他农药无法比拟的活性，尤其

对鳞翅目、双翅目超高效，如棉铃虫、小菜蛾、黏虫、甜菜夜蛾、卷叶蛾等，是目前生产上大量使用的优秀杀虫剂。

［注意事项］受酸度过高或过低及光照的影响，易降解。

（七）邻甲酰氨基苯甲酰胺类 常用品种氯虫苯甲酰胺。

［作用特点］新型广谱高效杀虫剂，作用机理是激活兰尼碱受体，释放平滑肌和横纹肌细胞内贮存的钙，引起肌肉调节衰弱麻痹直至害虫死亡。主要是胃毒作用。

［使用方法］对苹果食心虫、金纹细蛾都有很高的活性和防治效果。

［注意事项］本剂具有较强的渗透性，田间作业用弥雾或细雾效果好。

（八）杀螨剂

1. 螨死净（四螨嗪）

［作用特点］螨死净杀螨卵药效突出，冬卵夏卵都能毒杀，尤其对夏卵毒力更高，还可毒杀幼若螨。对成螨无毒杀能力，但是接触药液后的成螨，可导致产卵量降低，所产卵大都不孵化。由于该药对成螨基本无效，所以药后不能立即显示杀螨效果，经7天后药效显著。本剂对温度不敏感，高温低温下施用效果均好。

［使用方法］苹果开花前，越冬卵初孵化期和落花后第一代卵初孵盛期喷药防治苹果红蜘蛛效果好，有效控制期2个月左右。苹果落花后3～5天，第一代卵盛期至初孵幼螨期喷药防治山楂红蜘蛛效果最佳。

［注意事项］

①在夏季螨卵混合发生时，应与对成螨有效的杀螨剂混合使用，以保证防治效果。

②该剂与尼索朗有交互抗性，不宜混用或交替使用。

2. 哒螨灵（扫螨净、哒螨酮、速螨酮、牵牛星）

［作用特点］哒螨灵为高效广谱杀螨剂，具有触杀作用，无内吸性。对螨类速效性好，持效期长，对成螨、幼若螨及卵均有效，但对越冬卵无效。不同温度下，药效稳定。

［使用方法］防治苹果红蜘蛛和山楂红蜘蛛，在苹果红蜘蛛越冬卵孵化后和山楂红蜘蛛第一代卵孵化盛期喷药，效果好，持效期达 40 天以上。

［注意事项］无内吸性，喷药应细致周到，叶片正反面均匀着药。

3. 炔螨特（克螨特）

［作用特点］炔螨特杀螨谱广，对害螨具有触杀和胃毒作用，无内吸传导作用，对成螨和幼若螨有效，对卵效果差。该剂为感温性杀螨剂，杀螨效果随温度升高而提高。

［使用方法］防治苹果螨和山楂螨，于苹果螨越冬卵孵化后，第一代幼若螨为害期和山楂螨越冬代雌成螨出蛰为害期喷布药液，可同时控制此两种害螨。

［注意事项］夏季活动态螨和卵混合发生时，可与有杀卵作用的药剂混用，防治效果良好。

4. 尼索朗（噻螨酮）

［作用特点］尼索朗为非感温性广谱长效杀螨剂，药效迟缓，对害螨的冬卵、夏卵和幼若螨活性高，对成螨无直接杀伤作用，但雌成螨受药后，可减少产卵量及降低卵的孵化率。

［使用方法］苹果花前或花后喷药，有效控制期长达两个月。

［注意事项］同螨死净。

5. 三唑锡

［作用特点］三唑锡为触杀作用较强的广谱性杀螨剂，可杀灭若螨、成螨和夏卵，对冬卵无效。残效期长。

［使用方法］是目前生产上广泛使用的杀螨剂，苹果套袋前细致喷雾，有效控制期可达两个月。

［注意事项］使用本剂，应重点注意与碱性药物间隔时间要长，特别是波尔多液，应间隔 15 天以上，否则易减低药效，甚至产生药害。

6. 螺螨酯

［作用特点］螺螨酯是一种全新作用机制的季酮酸类杀螨剂。

通过抑制害螨的脂肪合成，阻断害螨的能量代谢，最终杀死害螨。具有触杀和胃毒作用，无内吸性，杀螨谱广、适应性强、卵和幼螨兼杀、持效期长。适合防治对现有杀螨剂产生抗性的有害螨类。

［使用方法］当红蜘蛛虫口密度达到防治指标时，用该剂均匀喷雾，可控制红蜘蛛 50 天左右。

［注意事项］忌与强碱性农药与铜制剂混用；要避开果树开花时用药；在一个生长季，使用次数最多不超过两次；喷药要全株均匀喷雾，特别是叶背。

三、农药使用应注意的问题

（一）坚决禁用或限制使用高毒高残留农药 农产品质量安全事关国计民生，已受到全社会广泛重视，农业生产者在农产品生产过程中，务必按照国家相关规定使用农业投入品。

国家禁止和限制使用农药名单：

1. 禁止生产销售和使用的农药 六六六，滴滴涕，毒杀芬，二溴氯丙烷，杀虫脒，二溴乙烷，除草醚，艾氏剂，狄氏剂，汞制剂，砷、铅类，敌枯双，氟乙酰胺，甘氟，毒鼠强，氟乙酸钠，毒鼠硅，甲胺磷，甲基对硫磷，对硫磷，久效磷，磷胺，苯线磷，地虫硫磷，甲基硫环磷，磷化钙，磷化镁，磷化锌，硫线磷，蝇毒磷，治螟磷，特丁硫磷。

2. 果树上不得使用和限制使用的农药 甲拌磷，甲基异柳磷，内吸磷，克百威，涕灭威，灭线磷，硫环磷，氯唑磷，灭多威，硫丹。

自 2013 年 12 月 31 日起，撤销福美胂和福美甲胂的农药登记证，自 2015 年 12 月 31 日起，禁止福美胂和福美甲胂在国内销售和使用。

3. 农业部推荐使用的高效低毒农药

（1）杀虫、杀螨剂　生物制剂和天然物质：苏云金杆菌、甜菜夜蛾核多角体病毒、银纹夜蛾核多角体病毒、小菜蛾颗粒体病毒、茶尺蠖核多角体病毒、棉铃虫核多角体病毒、苦参碱、印楝素、烟

碱、鱼藤酮、苦皮藤素、阿维菌素、多杀霉素、浏阳霉素、白僵菌、除虫菊素、硫黄悬浮剂。

合成制剂：溴氰菊酯、氟氯氰菊酯、氯氟氰菊酯、氯氰菊酯、联苯菊酯、氰戊菊酯、甲氰菊酯、氟丙菊酯、硫双威、丁硫克百威、抗蚜威、异丙威、速灭威、辛硫磷、毒死蜱、敌百虫、敌敌畏、马拉硫磷、乙酰甲胺磷、乐果、三唑磷、杀螟硫磷、倍硫磷、丙溴磷、二嗪磷、亚胺硫磷、灭幼脲、氟啶脲、氟铃脲、氟虫脲、除虫脲、噻嗪酮、抑食肼、虫酰肼、哒螨灵、四螨嗪、唑螨酯、三唑锡、炔螨特、噻螨酮、苯丁锡、单甲脒、双甲脒、杀虫单、杀虫双、杀螟丹、甲胺基阿维菌素、啶虫脒、吡虫脒、灭蝇胺、氟虫腈、溴虫腈、丁醚脲（其中茶叶上不能使用氰戊菊酯、甲氰菊酯、乙酰甲胺磷、噻嗪酮、哒螨灵）。

（2）杀菌剂　无机杀菌剂：碱式硫酸铜、王铜、氢氧化铜、氧化亚铜、石硫合剂。

合成杀菌剂：代森锌、代森锰锌、福美双、乙膦铝、多菌灵、甲基硫菌灵、噻菌灵、百菌清、三唑酮、三唑醇、烯唑醇、戊唑醇、己唑醇、腈菌唑、乙霉威·硫菌灵、腐霉利、异菌脲、霜霉威、烯酰吗啉·锰锌、霜脲氰·锰锌、邻烯丙基苯酚、嘧霉胺、氟吗啉、盐酸吗啉胍、恶霉灵、噻菌铜、咪鲜胺、咪鲜胺锰盐、抑霉唑、氨基寡糖素、甲霜灵·锰锌、亚胺唑、春·王铜、恶唑烷酮·锰锌、脂肪酸铜、松脂酸铜、腈嘧菌酯。

生物制剂：井冈霉素、农抗 120、菇类蛋白多糖、春雷霉素、多抗霉素、宁南霉素、木霉菌、农用链霉素。

（二）认真选购农药　选购农药应仔细阅读标签：一看名称，2008 年以后生产的农药必须使用通用名，注意有效成分名称、含量及剂型是否清晰。二看三证，即农药登记证号、产品标准号、生产批准证号。三看适用范围，要根据防治对象选择与标签标注一致的农药。四看净含量、生产日期及有效期。

（三）科学使用农药　应严格按照规定的范围和剂量使用，不得随意加大使用浓度；应一次性均匀喷药，避免重复施药；在使用除草剂时，应看准风向并安装防风罩，避免危害邻地作物；忌盲目混用农药，将各种农药乱配，不仅增加防治成本，且易造成药害；要保证兑药的水质清洁，切忌使用不洁净、富营养化的水质，易使药物发生化学反应，降低药效。

（四）坚持二次稀释法 兑药时先用少量的水将药剂稀释成浓稠的母液，然后再倒入配药容器内，尤其是粉剂农药更应如此。这样兑出的药液浓度均匀，分散性好，悬浮性高。

（五）套袋前用药，使用细喷片 套袋前用药注意更换喷片，建议落花后至套袋前 3 遍药每次都使用新喷片，做到雾化效果好，既提高杀菌杀虫的效果，又避免果皮受到刺激，影响果面光洁度。喷药时，保持喷头离叶、果 30 厘米左右，保证雾化效果。

（六）喷药量要适宜 喷药量要适宜，过少则不能对植株各部位周密地加以保护，过多则浪费甚至造成药害。喷药要求均匀一致，包括叶片的正面和反面都要喷到。生产中发现，很多果农喷药只注重叶片正面，忽视了反面，而叶片反面是海绵组织，不抗病菌侵染。

（七）喷药次数视天气及病虫害发生情况而定 只要能够控制好病虫害的发生，喷药次数当然越少越好。但是生产中，有很多农户套完袋后，喷上一两次波尔多液就放弃喷药，导致果树 8 月就开始大量落叶，势必影响花芽的形成及果品的质量。生产中应根据天气情况，降雨少的年份可适当少喷，降雨频繁、雨量大的年份则应多喷几次，避免造成早期落叶。

（八）应树立良好的环保意识 生产中，很多农户将用过的农药瓶、农药袋及农药残液随意丢弃在田间地头，造成环境的污染，加重生态的恶化。建议农民朋友树立基本的环保意识，主动将农药垃圾集中收集处理，维护好自然环境。

第八节　病虫综合防治

一、萌芽前的防治

1. 清园 清理果园，剪除病僵果，集中起来烧毁或者深埋。

不提倡刮树皮，可于果树萌芽前大枝干涂刷戊唑醇500倍液，杀灭越冬病原菌。

2. 喷干枝　采用杀菌剂＋杀虫剂＋100倍液尿素的模式。杀虫剂应在常规用量的基础上加倍。小叶病严重的果园可加用硫酸锌25～30倍液。

3. 推荐药剂

杀菌剂有：多效灵（络氨铜）、戊唑醇等。

杀虫剂有：毒死蜱、菊酯类等。

二、重视花前药

开花前各种病虫害相继活动，但仍集中在越冬场所，是防治的有利时期。

1. 此期用药原则

（1）选用的药剂对壁蜂或蜜蜂无影响。

（2）一药多治，尽量减少用药种类。

（3）用药时间：掌握在花露红期，最迟在花前3天。

2. 推荐配方　多效灵（络氨铜）、丙森锌、戊唑醇或己唑醇＋1.8%阿维菌素＋毒死蜱＋叶面硼肥。

三、落花后至套袋前

1. 用药原则

（1）用药时间及次数：落花后7～10天开始，每隔7～10天用一次，连续喷布3次。落花后7～10天是指80%的花脱落算起。

（2）注意保护性杀菌剂与内吸性杀菌剂配合使用。

（3）加用叶面钙肥。

（4）套袋前用药间隔72小时以上，即在套袋前3天用药。

2. 推荐配方

（1）落花后第一遍：丙森锌、戊唑醇、代森锰锌（喷克、大生）任选一种，加甲基托布津或多菌灵，加高甲维盐，加吡虫啉，加四螨嗪或螨死净或螺螨酯，加叶面钙肥。

（2）落花后第二遍：多抗霉素、丙森锌、戊唑醇等任选一种，加多菌灵或者甲基托布津，加高氯毒死蜱或三氟氯氰菊酯，加吡虫啉，加叶面钙肥。

（3）套袋前3天：丙森锌、代森锰锌（喷克、大生）任选一种，加甲基硫菌灵，加毒死蜱，加阿维菌素，加三唑锡或螺螨酯，加叶面钙肥。

四、套袋后

套袋后立即喷洒一遍1∶2.5～3∶200倍波尔多液，加用氰马乳油。

五、7月上旬至8月底

1. 用药原则

（1）用药次数根据天气而定。

（2）波尔多液和其他杀菌剂交替使用。

（3）杀虫杀螨剂根据害虫发生情况灵活掌握。

（4）波尔多液与其他杀菌剂间隔期15天左右，其他杀菌剂之间间隔期10天左右。

2. 常用药剂

（1）杀菌剂：1∶2.5～3∶200波尔多液、戊唑醇、多抗霉素等。

（2）杀虫杀螨剂：高氯甲维盐、杀铃脲、阿维灭幼脲、毒死蜱、螺螨酯、三唑锡等。

（3）叶面肥。包括甲壳素叶面肥、磷酸二氢钾、叶面钙肥等。

此期全套袋园应以保叶为主。药剂选择上应以波尔多液为主，要求喷2～3次。套袋后立即喷一遍波尔多液，以后与其他杀菌剂交替使用。

六、9月下旬（摘袋前3天）

戊唑醇，或多抗霉素，或丙森锌，加甲基硫菌灵或多菌灵，加

高氯甲维盐等。摘袋后一般不再用药。

套袋苹果病虫害无公害防治历见表5-1。

表5-1　套袋苹果病虫害无公害防治历

（仅供参考）

序号	防治时间	防治对象	防治方法	备　　注
1	萌芽前	腐烂病、轮纹病、炭疽病、红蜘蛛、白蜘蛛、介壳虫、蚜虫等，以及小叶病	1. 剪除病虫枝，并注意刮治腐烂病疤 2. 枝干涂刷43%的戊唑醇500倍液等 3. 喷干枝。14.5%的多效灵（络氨铜）150倍液，43%的戊唑醇2 000倍液等，任选一种，加40%毒死蜱700倍液，加尿素100倍液	剪除的病虫枝、病僵果要带出果园集中烧掉或深埋。小叶病严重的果园加用硫酸锌20～25倍液
2	开花前（花落红期，最迟花前3天）	白粉病、轮纹病、红蜘蛛、白蜘蛛、潜叶蛾、卷叶蛾、蚜虫等	1. 杀菌剂：14.5%多效灵（络氨铜）1 000倍液，或70%丙森锌700倍液，或43%戊唑醇4 000倍液，或5%己唑醇1 200倍液等 2. 杀虫剂：1.8%阿维菌素4 000倍液，加40%毒死蜱1 500倍液 3. 叶面肥：硼制剂或微量元素叶面肥	为防止晚霜冻害，可加用碧护等生长调节剂

（续）

序号	防治时间	防治对象	防治方法	备　注
3	谢花后7～10天（80%花脱落算起）	轮纹病、炭疽病、斑点落叶病、红蜘蛛、白蜘蛛、康氏粉蚧、潜叶蛾、卷叶蛾、蚜虫等	1. 杀菌剂：70%丙森锌700倍液，或80%的代森锰锌800倍液，加50%多菌灵600倍液或70%甲基硫菌灵800倍液 2. 杀虫杀螨剂：20%螨死净2 000倍液，或24%螺螨酯5 000倍液加2%的高氯甲维盐1 500倍液，加10%吡虫啉3 000倍液 3. 叶面钙肥	小叶病严重的园片以丙森锌为好，白粉病和赤星病严重的园片以已唑醇为好
4	谢花后20天左右（5月20日前后）	轮纹病、炭疽病、斑点落叶病、康氏粉蚧、黄蚜、瘤蚜、棉铃虫、卷叶虫等	1. 杀菌剂：10%多抗霉素1 500倍液，或43%戊唑醇5 000倍液，加70%甲基硫菌灵800倍液或50%多菌灵600倍液 2. 杀虫剂：10%吡虫啉3 000倍液，加52%高氯毒死蜱1 500倍液，或10%三氟氯氰菊酯2 000倍液 3. 叶面钙肥	

（续）

序号	防治时间	防治对象	防治方法	备注
5	套袋前3天	轮纹病、炭疽病、斑点落叶病、康氏粉蚧、蚜虫、桃小食心虫等	1. 杀菌剂：70%丙森锌600倍液，或80%代森锰锌800倍液，加70%甲基硫菌灵800倍液 2. 杀虫剂：10%吡虫啉3 000倍液，加40%毒死蜱1 500倍液，加1.8%阿维菌素4 000倍液 3. 杀螨剂：25%三唑锡2 000倍液，或24%螺螨酯2 000倍液等 4. 叶面钙肥	
6	套袋后（6月15～20日前后）	轮纹病、褐斑病、桃小食心虫等	1. 杀菌剂：1∶3∶200波尔多液 2. 杀虫剂：20%氰马乳油1 500倍液	
7	7月上旬至8月底	斑点落叶病、褐斑病、潜叶蛾、红蜘蛛、白蜘蛛等	1. 常用杀菌剂：1∶2.5～3∶200波尔多液，或43%戊唑醇5 000倍液，或10%多抗霉素1 500倍液等 2. 杀虫杀螨剂：2%高氯甲维盐2 000倍液，杀铃脲，阿维灭幼脲，40%毒死蜱1 500倍液，螺螨酯，三唑锡 3. 加用叶面肥。主要喷施叶面钙肥	1. 用药次数根据天气而定 2. 波尔多液和其他杀菌剂交替使用 3. 杀虫杀螨剂根据害虫发生情况灵活掌握 4. 波尔多液与其他杀菌剂间隔期15d左右，其他杀菌剂之间间隔期10天左右

（续）

序号	防治时间	防治对象	防治方法	备　注
8	9月下旬（摘袋前3天）	斑点落叶病，鳞翅目、鞘翅目、直翅目等害虫	43%的戊唑醇5 000倍液，或10%多抗霉素1 500倍液，或70%丙森锌700倍液，加70%甲基硫菌灵800倍液或50%多菌灵600倍液，加2%高氯甲维盐1 500倍液等	

第六章　苹果矮砧集约栽培技术

第一节　改革栽培模式推行矮砧集约栽培

一、矮砧集约栽培的意义

苹果矮砧集约是当今世界苹果发展的主轴，已引起了各苹果主产国的广泛重视。国外研究和发展苹果矮砧栽培较早，发展速度较快，并形成了一整套苹果矮砧集约栽培的技术措施。我国自 20 世纪中叶开始研究苹果矮化砧和矮化密植栽培，但由于对矮化砧木的生长特性了解不足，加之缺乏配套的栽培技术，在栽培技术上沿用了乔砧管理方式，导致栽培失败，并影响到我国苹果矮化栽培的进程。改革开放以后，随着国际技术交流日益频繁，我国果树科技工作者对矮化栽培模式有了重新的认识，并在矮化栽培技术研究方面取得了较好的成就，为今后我国苹果矮化栽培奠定了良好的基础。

我国现有苹果绝大多数是 20 世纪 80 年代末至 90 年代中期发展的，采用的砧木均为乔化砧，栽植密度大，果园郁闭严重，通风透光不良，果品质量难以大幅度提高，且大小年结果现象严重，加之不适宜机械化作业，劳动强度大，生产成本高，果园经济效益低下。就当前我国苹果产业的发展来看，一方面，随着树龄的老化，我国苹果面临的一个重要问题就是老果园的更新改建问题，新植果园如果仍沿用传统的栽培模式，将不再适应现代苹果产业和市场经济发展的需求。另一方面，随着农村人口的老龄化，劳动力越来越短缺，现行栽培模式由于不适宜机械化作业，需要大量劳动力，劳动力的短缺也将成为限制我国苹果产业发展的一个重要因素。

矮化集约栽培模式，具有树冠矮小，管理方便，节省劳动力，结果早、产量高，见效快，通风透光好，苹果品质优，便于机械化作业，适于标准化管理等优点，是世界苹果生产先进国家普遍采用的栽培模式，也是今后我国苹果产业发展的方向。

二、矮砧集约栽培与传统栽培模式的区别

1. 结果早　矮砧栽培定植一年生大苗，第四年亩产可达到1 000千克以上，而传统栽培模式一般第五年才能结果，且亩产一般不超过500千克。如果采用带分枝大苗定植，第二年即可见果，第三年亩产可达到1 500千克以上。

2. 果品质量优　矮砧苹果树树体矮小，通风透光好，与传统栽培模式相比更能满足果树对风光条件的要求，更有利于果品质量的提高。

3. 土地利用率高　矮砧栽培模式根据砧木类型不同，栽培密度可达到83～190株/亩，而传统栽培模式一般为33～55株/亩，为此，矮砧栽培模式比传统栽培模式土地利用率更高。

4. 适宜机械化作业　矮砧栽培模式主要利用空间结果，进入盛果期后行间可保持1.5米以上的作业道，可采用机械喷药、除草、施肥等，减少劳动力投产，降低生产成本。

第二节　苹果主要矮化砧木

一、主要矮化砧木简介

1. M9T337　由荷兰选育的苹果矮化砧木，是当今世界上苹果矮砧栽培上应用最广泛的矮砧之一。其特点是：生根容易，根系须根多，幼树树势生长旺，成花早，早果性好，具有管理技术简单、操作方便、劳动强度低、果园更新容易、通风透光好等优点。

2. M26　由英国选育的苹果矮化砧木，是我国应用较多的一种矮化砧木。M26生长势力较强，矮化效果不如M9T337矮化效果好，成花不如M9T337容易，宜作为矮化中间砧应用。

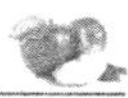

3. SH 系　由山西省果树研究所选育的苹果矮化砧木，生产上推广的有 3、6、9、38、40 号。SH 系自根砧不易生根，树势旺，成花效果差，但抗寒性较好。

4. B9　是由前苏联选育的苹果矮化砧木，自根砧苗木栽培后树体矮化程度比 M9T337 自根砧苗木大，但抗寒性优于 M9T337，成花效果与 M9T337 相近，也是适合我国苹果矮化栽培优良砧木之一。

5. M9-PAJ1 和 M9-PAJ2　法国选育的类似 M9T337 的砧木，其中 M9-PAJ1 生长势稍弱，M9-PAJ2 生长势稍强。比较容易产生根蘖，砧木繁殖容易。

6. G16 和 G41　美国康奈尔大学选育的苹果矮化砧木，矮化效果与 M9T337 相似，G41 砧木抗重茬效果较好，但培育困难，需要通过组织培养等手段来培育砧木苗。

二、苹果矮化砧木应用现状

目前我国利用较多的矮化砧木有 M9、M26、MM106、M7、SH 系等。欧洲国家苹果生产主要选用 M9T337 自根砧，美国采用的砧木主要是 M9T337、B9 和康奈尔大学选育的 G 系（G16 和 G41）。国外苹果矮化栽培多选用矮化自根砧，我国应用的多为矮化中间砧。随着我国对国外矮化砧木的引进，今后在苹果矮砧栽培上也应朝着矮化自根砧方向发展。在砧木的选择上根据不同地块，应重点选择现在世界苹果生产上应用较好的 M9T337、B9 以及 G 系列砧木。

第三节　建　　园

一、园地的选择

园地应选择在生态条件好，远离污染源，有水浇条件，果园灌溉水质、土壤及环境条件等均能达到安全果品生产基本要求的地块。地势以平泊地和缓坡地为好，不宜选择低洼地带，否则容易遭受晚霜冻害，山岗薄地不宜种植矮化砧苹果树。苹果在土壤类型上没有特别的要求，一般土壤均能保证苹果的正常生长发育，但以土壤肥沃的沙壤土和壤土为最好。

二、整地改土

（一）开挖定植沟 定植前开挖定植沟，以打破犁底层，增加活土层厚度。定植沟宽、深各80～100厘米，定植前沟底施足充分成熟的有机肥，然后回填，回填后要浇水沉实。

（二）起垄栽培 苹果矮砧集约栽培园地一般选择在地势平坦和缓坡地带。为使根系生长有一个良好的土壤环境条件，确保根系生长良好，最好采用起垄栽培模式。一般垄宽1米，高20～30厘米。

三、选用优质大苗

从我国苹果矮砧栽培的现状来看，我国苗木繁育与国外相比还有一定的差距，我国矮砧苗木多为一年生苗木，部分为二年生带分枝大苗。国外则全部选用带分枝大苗。

（一）我国带分枝大苗与国外带分枝大苗的区别

1. 分枝枝龄不同 国外带分枝大苗为二次枝，而我国带分枝大苗为一年生枝。

2. 分枝数量不同 国外高度1.5米的苗木可带15～20个分枝，而我国高度1.5米的苗木一般不超过8个分枝。

3. 分枝角度不同 二次枝分枝角度大，而一年生枝分枝角度小。

4. 分枝硬度不同 二次枝枝条柔软，生长势力弱，有利于花芽的形成，而一年生枝枝条硬，生长势力强，花芽形成难。

（二）优质大苗的要求 无论是带分枝大苗还是一年生苗木，都应选用优质壮苗，一年生苗木一般苗木高度不应低于1.5米，砧木嫁接部位以上5厘米处粗度应大于1厘米，无病虫害，无机械损伤。根系要完整，并带有大量须根。带分枝大苗距根颈80厘米以上分枝不少于10个，粗度不大于主干的1/3。

四、确定适宜的栽植密度

矮砧栽培应根据不同的砧木类型，选用不同的栽植密度。矮化中间砧苗木株行距以 2 米×3.5～4 米为宜，亩栽植 83～95 株，矮化自根砧苗木株行距以 0.8～1.5 米×3.5～4 米为宜，亩栽植 111～238 株。

五、定植技术

（一）定植

1. 定植时间　秋季或春季均可。秋季应在 80%叶脱落以后至封冻前进行，春季应在回暖后进行。

2. 定植深度　矮化中间砧定植深度为中间砧嫁接口上 3 厘米左右，矮化自根砧为根颈以上 3 厘米处，定植不宜过深，否则影响成活率和幼树的长势。无论是矮化中间砧还是矮化自根砧，成活后均要培土，培土深度要达到矮化砧的 1/2 以上。

定植前对根系进行修剪，并用药剂处理，详细参见第一章第三节定植技术部分。

（二）支架设立　支架栽培是矮砧集约栽培的一个重要组成部分，由于矮砧根系不发达，结果早，固地性差，为此，支架设立是否合理是决定矮砧栽培成败的关键。

1. 架材　包括立柱、镀锌钢丝、竹竿、地锚石、滑轮螺丝等。

（1）立柱　可选用水泥柱，规格为 6～10 厘米×6～10 厘米、长度 3.5～4 米，也可选用 3.81 厘米（1.5 英寸）镀锌钢管作为立柱。

（2）竹竿　长 3.5～4 米，基部粗度要达到 3 厘米以上。也可选用 2.54 厘米（1 英寸）镀锌管。

（3）镀锌钢丝　规格为 8～10 号。

（4）地锚石　可用长条石头、水泥条以及打水泥桩作为地锚石，以牵引镀锌钢丝。

2. 设立　立柱和钢丝的设立时间最好是定植前进行，一是操作方便；二是定植时比较规范。建园时间来不及的也可于定植后再设立。竹竿应在定植后设立。相邻两根立柱之间间隔距离为10米，其上拉3～4道钢丝，第一道铁丝离地面40～60厘米。竹竿每株一根，竹竿离树干为5～10厘米。支架当年定植当年必须设立，否则将影响到树体的长势，为以后整形修剪带来麻烦。

六、定植后管理

（一）水分管理 定植后要立即浇水，且要浇透水，以后每间隔7～10天浇一次透水，连续浇3～4遍。以后视天气和干旱程度适时浇水，以保障苗木成活率。

（二）覆膜 为提高苗木成活率，定植后最好覆盖黑色地膜，减少水分蒸发，并预防草害发生。

（三）施肥 苗木成活后，当新梢长到10厘米左右时开始施第一遍肥，以后每隔30天施一次，全年施3～4次。肥料以氮肥为主，第一次每株施用尿素25克，以后每株施用尿素50克。

（四）病虫防治 幼树定植后主要防治象甲类害虫、蚜虫、红蜘蛛、斑点落叶病、褐斑病等病虫害，具体防治方法参照第一章第三节定植后的管理。

（五）绑缚 支架设立好后要及时进行绑缚，首先将竹竿绑缚到钢丝上，然后将苗木绑缚到竹竿上，注意苗木绑缚时要与竹竿保留一定的距离，以后各年均要对中干进行绑缚，并保持中心干直立生长，以确保中心干的长势。

第四节 整形修剪

一、树形

矮砧苹果适宜的树形有自由纺锤形、垂直主干形和高纺锤形，具体采用哪种树形，根据砧木类型和栽植密度不同而定，一般矮化中间砧建议选用自由纺锤形或垂直主干形，矮化自根砧等高密度栽植的果园建议选用高纺锤形。自由纺锤形和垂直主干形

具有永久性的骨干枝，其上着生小型结果枝组，高纺锤形不保留永久骨干枝，中心干上着生的所有枝条均为结果枝，而且枝条要保持下垂。

二、定植后的修剪

（一）定干　目前我们定植的苗木均为一年生苗木，其上无分枝，定植后是否需要定干根据苗木高度和芽体饱满程度而定。苗木高度低于2米、芽体不饱满的要定干，定干高度尽量保留所有饱满芽。定干后要对苗木进行刻芽，方法是自剪口下第六个芽开始，每3个芽刻1个，直到离地面70厘米左右。注意上部轻刻，向下依次加重。或用6-BA复合激素进行涂抹，提高萌芽率效果十分明显。苗木高度在2米以上，且芽体饱满的可以不定干，定植后涂抹6-BA复合激素，促进侧芽萌发。

（二）夏季管理　定植的当年定干树除剪口下竞争枝外，其余萌发的枝条均不要采用任何处理措施，可任其自由生长，以抚养中干，保持中干的生长优势。对于竞争枝可于7月中下旬保留2个瘪芽进行剪截，防止加粗过快而影响中心枝的生长。竞争枝不宜处理过早，否则易造成竞争枝上部过细，所保留的芽易抽生较长的二次枝，不利于中心枝的生长。不定干的树所萌发的枝条，当新梢长到30厘米左右时将新梢拉至120°以下。

三、定植后第二年修剪

（一）春季萌芽前修剪

1. 定干树　定植的第二年春季萌芽前要将定植当年抽生的枝条全部进行极重短截。中心枝剪去枝条长度的1/3，或在饱满芽处短截。

2. 未定干树　所萌发的枝条剪去枝粗比大于1/3的枝，其余枝条尽量多保留，并通过刻芽或涂抹6-BA复合激素促发短枝，使之尽早形成花芽，达到定植后第三年结果的目的，中心枝不剪截。

（二）夏季管理

1. 定干树 定植第二年夏季和定植当年夏季修剪一样，对极重短截后萌发的枝条不做任何处理，保持其自然生长，竞争枝按照定植当年夏季管理方式进行剪截。

2. 未定干树 注意控制保留枝条的长势，对于生长过旺的枝可以通过拿枝的方式，缓和枝条势力，促进其成花。

（三）绑缚 与定植当年一样，对主干继续进行绑缚，保持中央领导干直立生长，确保中干长势。

四、定植后第三年修剪

（一）春季萌芽前修剪

1. 定干树 定植后第三年春季萌芽前修剪对中干上抽生的枝条，疏除离地面70厘米以下的枝，对粗度比大于1/4的枝条进行极重短截，对于第二年春季萌芽前极重短截后剪口下抽生两个或两个以上的枝，疏除生长势强的枝，保留生长势弱的枝。中干上抽生的枝条达不到10个的植株，建议全部进行极重短截，重新抽生枝条，第四年再选留主枝。中心枝剪去枝条长度的1/3，或在饱满芽处短截。

2. 未定干树 修剪量尽量轻，除疏除枝粗比大于1/3的枝外，其余枝条尽量保留，中心枝不剪截。

（二）夏季修剪

1. 刻芽 定干树对于保留的枝要进行刻芽或涂抹6-BA复合激素，刻芽时间掌握在4月10日以后，刻芽数量越多越好，以促发更多的短枝。6-BA复合激素涂抹时间掌握在清明前后芽萌动前进行。

2. 拉枝 拉枝时间掌握在顶部新梢长到10～15厘米时进行，拉枝角度110°～130°，使枝条下垂。

3. 环切 定干树5月底6月初在保留的枝条基部进行环切，以促进花芽形成。未定干树结果的枝条不要进行环切，未结果的枝条可以进行环切。

4. 绑缚 继续对主干进行绑缚。

五、定植第四年修剪

（一）春季萌芽前修剪

1. 疏除生长势过强的枝和密挤枝。

2. 对枝粗比大于 1/4 的枝仍采用极重短截的方式进行极重短截。

3. 对保留枝条的延长头进行清头。

4. 树高到达 3 米以上的不再对中心枝进行剪截，达不到 3 米的要剪去中心枝的 1/3。

（二）夏季修剪　按照定植后第三年夏季修剪方式进行拉枝，过旺枝要进行环切，以促进花芽形成。

六、定植第五年以后的修剪

定植 5 年后矮化树基本进入盛果期，修剪的主要目的是调整营养分配，保证营养生长和生殖生长的平衡，同时控制树体在一定范围内生长。为此重点调整结果枝组，并注意培养更新枝，以利结果枝的更新复壮。修剪上每年可疏除上部 2～3 个大的分枝，疏枝时要留橛，使之在疏枝部位重新萌发一个势力中庸的枝条，继续培养结果枝。下部结果枝要视生长情况进行，对于因连年结果生长势力衰弱的树可以进行回缩，否则不宜回缩，回缩易导致生长过旺，更不利于花芽的形成和结果。

第五节　加强土肥水管理

矮化砧果园根系较乔砧不发达，主根少，须根多，固定性差，对肥水条件要求更严格，为此，必须加强土肥水管理，保证果树有充足的营养和水分供应。

一、推行生草栽培

实施果园生草栽培是果园土壤管理制度的一大变革，生草栽培可培肥地力，有效提高土壤有机质含量，减少水土流失，促进土壤团粒结构的形成，保持土壤的通透性，促进根系生长，对于确保果品产量和质量具有良好的作用。

二、加强水分管理

（一）提倡采用滴灌或喷灌等节水灌溉措施 大水漫灌造成土壤养分流失过重，加重了土壤板结，影响根系生长。矮化果园最好采用滴灌或喷灌管理模式，可以保持果园水分的供应，有利于树体生长和结果。

（二）小水勤灌 苹果生长离不开水，但并不是水越多越好，水分过多，土壤通气不良，造成根系生长不良，生理病害加重，果品产量和质量难以提高。为此，在果园灌溉上要求增加灌溉次数，每次灌水不宜过多，灌水后能渗透到地下10～15厘米即可。

（三）雨季注意排涝 矮化砧木根系不发达，更易遭受涝害。为此，雨季要注意果园的排涝，防止涝害发生。

三、平衡施肥

（一）秋施基肥，增施有机肥

1. 基肥施用时间 果实采收后至萌芽前，越早越好。

2. 基肥施用种类 以有机肥为主，适当配合氮磷钾速效性肥料和中微量元素肥料。

3. 施肥量 有机肥施用量，充分腐熟的土杂肥每亩施用3 000千克以上，如果选用商品有机肥亩施用量不少于400千克。速效性氮、磷、钾肥按2∶1∶1.7的比例，此次应占全年施肥量的60%。

（二）合理追肥 追肥掌握果树萌芽前，以氮肥为主；春梢停止生长后（套袋后），氮磷钾配合施用；果实膨大后期（8月下旬），以磷钾肥为主。这是3次关键施肥期。整个生长季节，根据树体长势，可结合浇水适当施用氮肥。

图书在版编目（CIP）数据

现代苹果高效栽培实用新技术 / 曹新芳，姜召涛主编. —北京：中国农业出版社，2015.12（2017.5 重印）
ISBN 978-7-109-21093-6

Ⅰ.①现… Ⅱ.①曹… ②姜 Ⅲ.①苹果—果树园艺 Ⅳ.①S661.1

中国版本图书馆 CIP 数据核字（2015）第 261690 号

中国农业出版社出版
（北京市朝阳区麦子店街 18 号楼）
（邮政编码 100125）
责任编辑 张 利

北京中科印刷有限公司印刷 新华书店北京发行所发行
2015 年 12 月第 1 版 2017 年 5 月北京第 2 次印刷

开本：880mm×1230mm 1/32 印张：5.375 插页：2
字数：135 千字
定价：17.00 元

图2-1　起垄沟灌栽培模式

起垄沟灌

平地栽培

图2-2　起垄沟灌与平地栽培模式0～20厘米土层毛细根数量对比

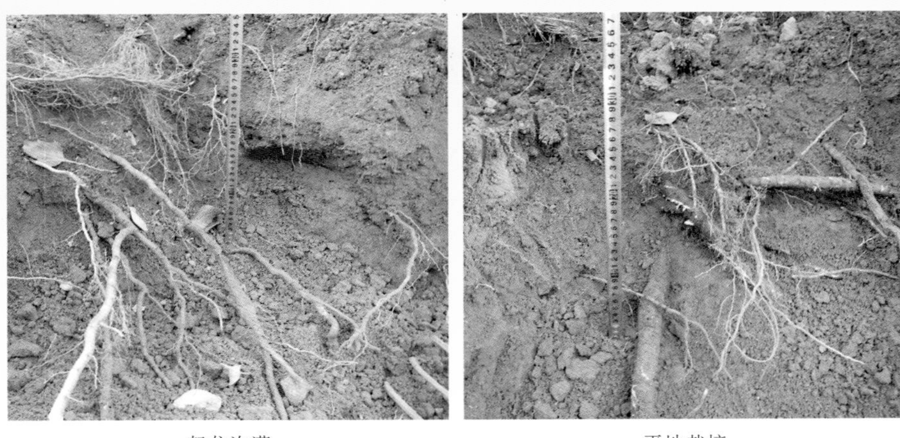

起垄沟灌　　　　平地栽培

图2-3　起垄沟灌与平地栽培模式20～40厘米土层发根量对比

图4-1　正确的剪口

图4-2　剪口过平

修剪前　　　　修剪后

图4-3　矮化中间砧树修剪前后

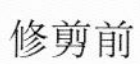
修剪前　　　　修剪后

图4-4　乔化砧树修剪前后

图4-5　极重短截基部留芽生长状

图4-6　极重短截细弱枝保留生长状

修剪前　　修剪后

图4-7　定植后第三年春季果树萌芽前修剪前后